LA CIENCIA DE LOS SUPERHÉROES

Grupo ROBIN BOOK

Barcelona - México
Buenos Aires

JUAN SCALITER

LA CIENCIA DE LOS SUPERHÉROES

Un sello de Ediciones Robinbook
Información bibliográfica
C/ Industria, 11 (Pol. Ind. Buvisa)
08329 - Teià (Barcelona)
e-mail: info@robinbook.com
www.robinbook.com

Diseño de cubierta: Eva Alonso
Imagen de cubierta: © Latinstock/Corbis
Diseño interior: Paco Murcia
ISBN: 978-84-15256-04-5
Depósito legal: B-10.404-2.011
Impreso por S.A. DE LITOGRAFIA, Ramón Casas, 2 esq. Torrent Vallmajor,
08911 Badalona (Barcelona)

Impreso en España - *Printed in Spain*

Agradecemos la autorización para reproducir las imágenes de este libro a las agencias
consultadas y lamentamos aquellos casos en que, pese a los esfuerzos realizados, ha sido
imposible contactar.

ÍNDICE

AGRADECIMIENTOS

A quienes determinaron mi vida con sus preguntas.

A mis hijos: que todavía me preguntan **¿por qué?**

A mi mujer: que siempre quiere saber **cuánto** cuando la respuesta es todo.

A mi madre: que siempre me recuerda **quién soy**.

A mis hermanas: que me enseñaron **cómo** comportarme.

Este libro es una realidad gracias a decenas de personas que me han abierto sus brazos y sus mentes. Por ello quiero agradecer a Martí Pallàs, de Robinbook, que supo ver un libro donde solo había cinco preguntas sin sentido. Él es el responsable de hacer de este, un libro entretenido y comprensible.

También tengo una deuda con el equipo de la revista *Quo*, de quienes en estos años he aprendido mucho, tanto en lo humano como en lo profesional.

A cada uno de los científicos que entrevisté y soportaron (no se me ocurre otra expresión más adecuada) las extrañas preguntas que les disparaba cuando les llamaba o hablaba con ellos en persona. Aún recuerdo algunas miradas de benevolencia ante dudas tan incomprensibles como si se puede activar un virus a distancia.

A todos los científicos del Centro de Astrobiología (CAB) en Madrid. Ha sido un privilegio conocer a quienes intentan explicar nuestro Universo y el origen de la vida en la Tierra. Gracias.

A mis amigos Lorena, Vicente, Rodolfo y Rafael (todos ellos periodistas asombrosos) que durante meses fueron pacientes con mis dudas, mis teorías y mis pedidos de auxilio.

Finalmente a MHD. Gracias por estos años de lealtad.

INTRODUCCIÓN

«Nos detenemos en curiosidades infructuosas; transformamos nuestros piojos y pulgas en bueyes y cerdos mediante lentes de aumento; buscamos el mundo que hay en la Luna mediante telescopios o vamos a pesar el aire al punto más alto de Tenerife... que son claras ingenuidades.» Esto es parte de un panfleto, publicado en el año 1680 por un autor anónimo y que buscaba atacar a los científicos.

Estos ataques me hacen recordar una de las frases de Arthur Clarke: «Cualquier tecnología lo suficientemente avanzada es indistinguible de la magia». Y es que lo que hoy nos parece como mucho sorprendente: los trasplantes de cara, la teletransportación, la creación de antimateria o ser capaces de leer los sueños ajenos, hace cincuenta años era impensable, una quimera... pura magia.

Sucede a veces que ni los propios científicos confían en la ciencia... o en sus colegas del futuro. Uno de mis científicos preferidos es lord Kelvin. A los diez años fue admitido en la Universidad de Glasgow. A los veinte años publicó artículos tan innovadores en matemáticas puras que los firmaba con un seudónimo para no avergonzar a sus profesores. También destacó en física, formuló la segunda ley de la termodinámica, escribió revolucionarios trabajos sobre electromagnetismo y teoría de la luz y, por si fuera poco patentó casi setenta inventos y escribió más de 650 artículos científicos. Pese a todo ello, en el año 1900 lord Kelvin aseguró que «ahora no hay nada nuevo que descubrir en física. Todo lo que queda son mediciones cada vez más precisas». Si los científicos que vinieron después hubieran creído en este genio (y la verdad viendo su historial, no habría razón para dudar), los viajes al espacio, internet, los satélites y, en suma, nuestro concepto del mundo moderno, se habría anclado en el siglo XIX.

Hace medio siglo, los superhéroes y villanos del mundo del cómic poseían superpoderes que hoy la ciencia no solo explica, sino que también recrea: Ironman ya existe, crear vida, como hizo Reed Richards, de los 4 Fantásticos, ya se ha hecho y poblar el desierto, como lograba La Cosa del Pantano, es una realidad también.

Por eso, este libro, también podría llamarse «Ellos ya lo sabían»: de algún modo, los creadores de estos personajes sabían que en algún futuro cercano, sus proezas podrían ser recreadas por los científicos y cumplir el mismo propósito que los superhéroes: ayudar a la humanidad mejorando nuestra calidad de vida, permitiéndonos explorar los confines de nuestra galaxia y explicar el Universo en su escala más pequeña.

Este libro no cuenta con todos los personajes del mundo de cómic, en total son poco más de 60 de los que se habla en estas páginas, pero pronto serán mucho más. La ciencia avanza a pasos tan veloces que a menudo somos testigos de innovaciones que antes solo sucedían una vez cada década.

No tengo duda que en pocos años, será necesario escribir la segunda parte de este libro, una que hable de todo aquello que hoy nos parece irrealizable: viajes en el tiempo, exploración de otras galaxias, trasplantes de cerebros, porque, como decía Arthur Clarke: «Cuando un científico distinguido pero de edad avanzada afirma que algo es imposible, probablemente se equivoca».

Parte 1

PODERES DE NACIMIENTO

Excepto por la Mujer Maravilla, todos los personajes de este capítulo provienen de otras galaxias o al menos de otros planetas. Cuando la mayoría de ellos fueron creados, coincidentemente, se iniciaba la exploración espacial y la gente comenzaba a hacerse preguntas acerca de si había vida en otros planetas, cómo serían los habitantes de otros mundos y qué ocurriría si nos encontráramos con ellos. Un reflejo de que estos pensamientos estaban en el aire es que en 1938, el mismo año en que se publicó el primer ejemplar de Superman, se estrenó en la radio *La guerra de los mundos*.

Así, la opinión estaba dividida: los alienígenas podían ser como Superman y tener como objetivo el bien o podían ser unos villanos de mucho cuidado como en la novela de Herbert G. Wells. Nadie lo sabía (ni lo sabe) pero la idea se había instalado en el seno de la sociedad y los cómics se aprovecharon de ella ya que reunía emociones básicas en el ser humano (esperanza, temor, curiosidad, etc.) y sobre todo servía para responder, al menos hipotéticamente, a la gran pregunta: ¿estamos solos en el Universo?

La fórmula de E.T.

En 1961, el radioastrónomo Fran Drake, presidente del proyecto SETI (Búsqueda de vida extraterrestre, en inglés) ideó una fórmula para calcular la posibilidad de encontrar vida en otros sitios del Universo. Aunque sus parámetros han sido cuestionados numerosas veces debido principalmente a que muchos de ellos son una incógnita, es un claro intento de responder a la pregunta antes planteada. La ecuación se basa en la siguiente formula:

$$N = R \times Fp \times ne \times Fl \times Fi \times Fc \times L$$

Parece un galimatías, pero aquí va la explicación:

N= Número de civilizaciones en la Vía Láctea con emisiones electromagnéticas detectables.

R = Ritmo de formación de estrellas adecuadas para desarrollar vida.

Fp = Fracción de estas estrellas con planetas en la zona habitable.

Ne = Número de planetas, por sistema solar, con un ambiente adecuado para la vida.

Fl = Fracción de planetas adecuados en los que hay vida.

Fi = Fracción de Fl con seres vivos inteligentes.

Fc = Fracción de civilizaciones que hayan desarrollado una tecnología que emita signos de su existencia al espacio.

L = Período de tiempo en que Fc sobreviviría.

El resultado que obtuvo Drake es que 10 civilizaciones en nuestra galaxia podrían albergar vida inteligente. Pero estos parámetros se revisan constantemente y no hay unanimidad en casi ninguno de ellos. Puede haber 10, como 10 millones. O ninguno. Pero, si las pudiéramos ver..., ¿serían como las imaginamos?

HÉROES

1.1. SUPERMAN

El hombre que vino de Kriptón

Es el superhéroe por antonomasia. No solo porque fue el primero en erigirse como tal, sino también porque en su personalidad «humana» es un tipo socialmente tímido, profesionalmente mediocre y afectivamente inseguro con el que no es difícil identificarse. Es interesante (y ha sido objeto de numerosos análisis) el hecho de que mientras para otros superhéroes, su máscara es el personaje (Batman, Flash, Daredevil, etc.,), para Superman la faceta humana es su careta y para mimetizarse con la humanidad, él se «viste» de un ser retraído y solitario.

Kal-El, su nombre real, nació en el planeta Kriptón y fue enviado por su padre, el científico Jor-El, a la Tierra antes que su hogar se destruyera. Aquí fue adoptado y criado por una pareja de edad avanzada, Martha y Jonathan Kent. Fueron ellos los que le inculcaron los valores morales que distinguen a este personaje... Aunque al principio de la saga no fue tan «moralmente correcto»: en los primeros números, aterrorizaba a los maltratadores, se ensañaba con mafiosos y era muy violento con los chulos.

Lo más llamativo de la historia de Superman no es que vuele, ni siquiera que sea capaz de emitir rayos X por los ojos (habilidades de las que trataremos en este capítulo) sino que sus padres adoptivos, al comprobar que hay vida en otros planetas, que no estamos solos en el Universo, en vez de contarlo a todo el mundo, decidan ocultar la prueba y criar al niño como si nada hubiera pasado. Llamativo, ¿no es cierto?

Una cuestión de gravedad

Como esto no tiene respuesta, vayamos con los que sí podría tener una. Primero el vuelo de Superman. En sus aventuras iniciales, el superhéroe de Kriptón no volaba, solo saltaba por encima de los edificios. La explicación que se daba era que Superman provenía de un planeta cuya gravedad era mucho mayor que la presente en la Tierra. Vamos a empezar por describir un poco la gravedad. Imaginaos que el Universo es como un colchón: cuando ponemos un objeto en el centro del colchón, el espacio alrededor se hunde y cuanto mayor sea el peso del objeto, más se hundirá el colchón. Algo similar ocurre en el Universo. Cuanto más masivo es un planeta, más «hundirá» la superficie que le rodea. La zona hundida es la que está bajo la influencia de la gravedad del objeto, en este caso, un planeta. La gran diferencia, respecto a la comparación del colchón es que la gravedad actúa en todas las dimensiones: en las tres dimensiones espaciales (ancho, alto y largo) y en la temporal (cómo influye la gravedad en el tiempo, lo veremos más adelante). Por lo tanto, cuanto más masivo es un planeta (o un cuerpo estelar cualquiera), más gravedad tiene y más atracción ejerce sobre los cuerpos cercanos. Si Kriptón fuera un planeta supermasivo, con un campo de gravedad enorme, Superman podría levantar objetos que para nosotros serían imposibles mover siquiera y dar enormes saltos. Algo similar a lo que ocurre si estuviéramos en la Luna; podríamos dar saltos de 12 metros de altura o levantar un Seat Panda. ¿Cómo sabemos esto? La fuerza necesaria para levantar un objeto es igual a la masa del objeto multiplicado por la fuerza de gravedad del planeta. Así, si en la Tierra podemos levantar 100 kg. o saltar dos metros, en la Luna, cuyo campo de gravedad es 1/6 del terrestre, las cifras se multiplican por 6.

Fuerte como el acero

Ahora volvamos a Superman. Nuestro superhéroe es, supuestamente, mil veces más fuerte que cualquier ser humano. Por los cálculos que hicimos anteriormente, sabemos que si es 1.000 veces más fuerte, la gravedad en Kriptón debe ser 1.000 veces mayor. Un planeta así debería ser 3.000 veces más masivo que nuestro Sol. La pregunta que surge es obvia: ¿Podría existir un planeta con una gravedad tan grande? La verdad es que no, al menos de acuerdo con nuestros conocimientos de física. De hecho, si existiera un planeta así, Superman, no habría llegado nunca a la Tierra ya que la fuerza de gravedad de Kriptón

sería tan grande que no habría y energía suficiente para que un cohete escape de allí.

Suponiendo que las actuales leyes físicas, de algún modo, se equivocan o ignoran excepciones que explican la existencia de un planeta como Kriptón, la realidad es que Superman podría levantar objetos que pesaran unos 100.000 kilos,[1] como un avión o dar saltos de hasta 2.000 metros. Pero volar, la verdad es que no. Y por una simple razón: no podría alterar la dirección y variar la altura de su salto constantemente.

En algo que sí han acertado los guionistas es que Superman sería el hombre de acero. Si la gravedad de Kriptón fuera 1.000 veces mayor, los habitantes de este planeta deberían tener huesos y músculos que fueran 1.000 veces más fuertes para no sucumbir a la extraordinaria fuerza de gravedad del planeta.

Para ser feliz quiero un superconductor

Pero… ¿y qué dice la ciencia de volar? ¿Podremos hacerlo algún día?

La respuesta es afirmativa. Con una condición: que descubramos superconductores que funcionen a temperatura ambiente. Vayamos por pasos. A menudo hemos comprobado cómo, si colocamos dos imanes uno cerca de otro, con los polos norte enfrentados, los imanes se repelen, se alejan. Aquí es cuando entran los superconductores. En 1911, el físico neerlandés Heike Kamerlingh Onnes, descubrió la superconductividad. Al enfriar sustancias a temperaturas cercanas al cero absoluto (–273 ºC), estas sustancias pierden su resistencia eléctrica. Esto ocurre porque, como veremos en el caso de Atom, la temperatura es el grado de actividad de los átomos: a mayor actividad, más calor y viceversa. Así, si los átomos no están activos, ofrecen menos resistencia a la electricidad cuando fluye por un metal[2]. A medida que la ciencia avanza, descubre materiales con cualidades superconductoras a una temperatura mayor. Por ahora el récord lo tiene una sustancia compuesta por óxido de cobre, mercurio, talio, bario y calcio que se hace superconductora a –135 ºC. Cuando los átomos atraviesan un conductor, se alinean en un mismo sentido[3] y esto crea un campo magnético, así surge, básicamente un campo electromagnético. En cierto sentido es como si hiciéramos formar a todos los átomos en

---

1. Un ser humano en buena forma física puede levantar 100 kilos, multiplicado por 1.000= 100.000 kilos.

2. Imaginad la electricidad como un monopatín. Cuando un material se enfría a estas temperaturas, los átomos se «aquietan» y su superficie pasa de ser como una alfombra a parecerse al mármol (al menos a nivel atómico) y el monopatín (la electricidad) se desliza más fácilmente.

3. En rigor los que se alinean son los electrones (carga negativa) y los protones (carga positiva), es decir, las partículas cargadas electrónicamente.

una hilera: si miran hacia un lado, el campo magnético será positivo, si miran hacia otro será negativo.

Un superconductor, al ser millones de veces más eficiente en la transmisión de electricidad, permite alinear los átomos de un modo más eficaz y crear campos magnéticos mucho más fuertes, tanto como para hacer levitar un coche. Si tuviéramos superconductores que funcionaran a temperatura ambiente, los imanes que podríamos construir tendrían una potencia de millones de veces más intensidad que el campo magnético terrestre. Este sería uno de los imanes, el otro debería ser un pequeño cinturón, también con superconductores del mismo polo que el imán. Al tener idéntica polaridad se rechazarían y nos permitirían levitar, construir coches flotantes o volar... casi como Superman.

Desafortunadamente, la investigación en superconductores a temperatura ambiente es una cuestión de ensayo y error: los científicos constantemente prueban con diferentes materiales o combinaciones de ellos. Así, el hallazgo de este tipo de tecnología podría darse mañana o dentro de una década, pero no es algo impensable ya que no desafía las leyes físicas ni se encuentra fura de nuestras barreras tecnológicas.

¿Puede Superman emitir rayos X?

En la pregunta anterior hemos visto cómo cuando los electrones se alinean crean un campo electromagnético. Cuando los mismos electrones se mueven hacia atrás y hacia adelante, es decir, oscilan, crean una onda que, obviamente, recibe el nombre de onda electromagnética. Toda la materia por encima del cero absoluto emite ondas electromagnéticas. Cuanto mayor es la temperatura, más alta es la energía y más pequeña es la onda electromagnética y viceversa. Por ejemplo, las ondas generadas por dispositivos electrónicos (radio, televisión o microondas) tienen una gran amplitud (llegan a los 100 metros) y por lo tanto poca temperatura y baja energía. A medida que nos desplazamos por el espectro electromagnético (el conjunto de todas las radiaciones), las ondas se hacen más pequeñas y la energía mayor. La luz visible, por ejemplo, es emitida por materia que está por encima de los 700 °C y su amplitud de onda, determina el color. Desde el rojo que es el que mayor amplitud de onda tiene: cerca de 700 nanómetros,[4] hasta el violeta

---

4. Un nanómetro es la mil millonésima parte de un metro.

con una amplitud de onda de unos 400 nanómetros. Por ello a veces se habla de gafas infrarrojas (permiten ver ondas por debajo del rojo) o ultravioletas (por encima del violeta). En este espectro también están incluidos los rayos X.[5] Este tipo de onda electromagnética se produce cuando un electrón con gran energía choca contra un metal, el resultado de la colisión son los rayos X. Por lo tanto, Superman debería ser capaz de emitir grandes cantidades de energía a través de sus ojos, dirigirlas hacia un objeto metálico y hacer que el rayo resultante enfocara exactamente el objeto que planea ver. Algo bastante complicado... Pero ¿y si Superman pudiera ver los rayos X? La verdad es que las cosas tampoco cambiarían por más que los vendedores de gafas rayos X nos quieran convencer de lo contrario. Lo único que Superman podría ver serían objetos que emitieran rayos X o detectar su transmisión.

---

5. Los rayos X reciben este nombre porque cuando el físico alemán Wilhelm Roentgen, los descubrió en 1895, le parecieron tan misteriosos que no supo qué nombre ponerles.

1.2. Silver Surfer

Me pareció haber visto una estela plateada

El heraldo de Galactus nació bajo el nombre de Norrin Radd, un alienígena del planeta (ficticio) Zenn La, que orbita la muy real estrella Deneb, en la también real constelación Alfa Cygni, a 1425 años luz de la Tierra. Los zenn-lavianos son una avanzada raza tecnológica que ha perdido el deseo de explorar y pretende vivir en paz en su propio planeta. Y lo consigue. Al menos hasta que se presenta Galactus, el devorador de planetas. Norrin se enfrenta al malvado ser y le dice que dedicará su vida a buscar otros planetas para alimentarles si salva su planeta y con él a su amada Shalla Bal. Galactus acepta el trato y dota a Norrin del poder cósmico, lo que lo transforma en Silver Surfer. Inicialmente, nuestro héroe busca planetas que no tengan vida, pero estos se vuelven cada vez más difíciles de hallar. Pronto Galactus se da cuenta de la estratagema y lava el cerebro de su adelantado para romper la barrera autoimpuesta y es entonces cuando Silver Surfer encuentra la Tierra y le dice a Galactus que será un alimento perfecto. Pero aquí conoce a los 4 Fantásticos y la nobleza de estos superhéroes activa nuevamente las barreras morales de Silver Surfer que decide enfrentarse a Galactus. Este, en castigo por su rebeldía, crea un muro invisible alrededor de la Tierra que solo afecta a su antiguo pupilo, impidiéndole volver a su hogar.

Mi nombre es Negro, Agujero Negro

Galactus, un devorador de planetas del que no logra escapar nada, podría ser, tranquilamente un sinónimo de un agujero negro: una región del espacio con una densidad tan grande que genera un campo gravitatorio tan fuerte que ni siquiera la luz puede escapar de él, de ahí su nombre. ¿Es posible, entonces, acabar con un agujero negro? La ciencia dice que sí. Aunque es muy complicado. Ted Jacobson de la Universidad de Maryland y Thomas Sotiriou de la Universidad de Cambridge proponen, muy básicamente, alterar las condiciones que permitieron que surgiera el agujero negro. De acuerdo con los científicos, si el equilibrio se altera, el agujero negro desaparece revelando su interior. ¿Cómo consiguen esto? Eso es en lo que aún no se ponen de acuerdo los físicos ya que el sistema crea una singularidad: lo que sucede cuando una teoría ha colapsado y se precisa una nueva explicación para el nuevo evento. Para comprender un poco mejor el fenómeno consulté a Char Orzel, profesor del Departamento de Física y Astronomía en el Union College de Schenectady, Nueva York y autor del libro *Conversaciones de Física con mi perro*. «Para destruir un agujero negro, lo lógico sería anular su fuente de recursos, es decir cortar su alimentación. Esto debería impedir que se desarrolle más aún. Puede que a partir de ese momento comience su involución y se colapse por su propio peso.» ¿Y qué sucedería entonces?, le pregunto. ¿Veríamos un agujero blanco?[1]

«Los agujeros blancos son parte de una teoría y por lo tanto no están aún confirmados. Si pudiéramos estudiar qué ocurre en el interior de un agujero negro podríamos no solo entender el fenómeno, sino saber, quizás, qué hay al final. Pero por ahora no contamos con la tecnología para realizar una simulación de ese calibre.»

Soplando en el viento... solar

Pero más realista que saber cómo acabar con un agujero negro (algo que por ahora no debería preocuparte ni a ti ni a tu descendencia durante varios cientos de generaciones) es comprender cómo hacía Silver Surfer para trasladarse de una galaxia a otra. Pues lo más probable es que usara el viento solar como forma de propulsión.

Comenzaba el siglo XVII cuando el astrónomo Johannes Kepler observó, a través de su telescopio, que la cola de los cometas parecía ser arrastrada por lo que él denominó «viento solar». Cientos de años después, los científicos demostraron que el espacio está dominado por el vacío: allí no «corre» el aire y por lo tanto no puede haber viento. Lo que Kepler había visto era cómo las partículas desprendidas por el cometa chocan o presionan contra los fotones (la partícula más pequeña de la luz). La fuerza de esta presión es muy leve y en la Tierra no la percibimos porque es mayor la fuerza de fricción de la atmósfera y

---

1. Un agujero blanco es el posible «espejo» de un agujero negro. Mientras que en este último todo entra y nada puede escapar, del agujero blanco todo sale. Es como un inmenso grifo emisor de radiación.

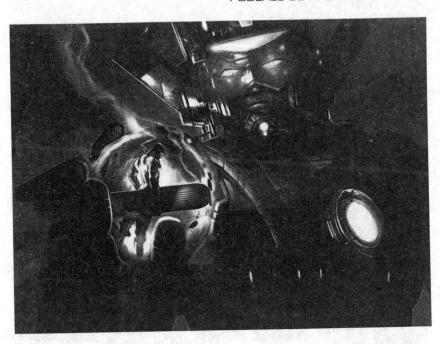

su origen reside en los fotones y las partículas que «dispara» el Sol (irradia sería más correcto) y que los astrofísicos llaman viento solar. Pese a su escaza fuerza, la presión de los fotones es muy constante y podría servir como energía para alimentar naves solares que funcionaran con enormes velas en lugar de con algún combustible que les diera impulsos potentes, pero de corta duración, al menos en términos de viajes interestelares. La constancia de este tipo de radiación sería mucho más eficiente que cualquier combustible químico y permitiría que se llegaran a alcanzar velocidades de hasta un 10% la de la luz; es decir, a plena potencia, la nave podría recorrer la distancia media que nos separa de Marte en una hora, cuando actualmente se tarda cuatro meses en llegar al planeta rojo.[2] El problema de las naves que funcionan con los vientos solares son sus velas. Estas deben ser lo suficientemente grandes, cerca de medio kilómetro de diámetro, para poder comenzar a sacar partido de la energía trasladada por los fotones. Para ello las velas deben desplegarse una vez en órbita de lo contrario pueden tardar meses hasta alcanzar una velocidad rentable. Esto se debe a la fricción atmosférica que mencionamos anteriormente. Por ahora el material más utilizado es el aluminio (más precisamente una película de Kapton, una especie de polímero, aluminizado)

---

2. La velocidad de las partículas oscila entre 350 km/h y 800 km/h.

que tiene un espesor de 0.1 micrómetros (un micrómetro es la millonésima parte de un metro). Para maniobrar con este tipo de naves basta con mover la vela para apartarla un poco de la trayectoria de los fotones (como si fuera un timón). El mayor obstáculo para conseguir

una nave que recorra el espacio gracias a los vientos solares es el material del que estarán hechas las velas. Debido a su delgada y delicada estructura, no pueden ser doblados como un papel y embalados para poner en órbita y, debido a su tamaño, por ahora tampoco pueden ser lanzados a los lados de un cohete, como si este fuera Superman y las velas su capa. Por si esto fuera poco, el despliegue de las velas en el espacio es una tarea delicada que todavía no ha sido probada muchas veces.

Levantando vuelo

Pero en 2010, por primera vez, se utilizó el viento solar como principal forma de propulsión de una nave espacial. Se trata de la IKAROS (Nave Tipo Cometa Acelerada por la Radiación del Sol, por sus siglas en inglés). La IKAROS (curioso que lleve el nombre del personaje que murió por acercarse demasiado al Sol) desplegó unas velas de 200 metros cuadrados el 10 de junio. Hasta que este libro se terminó de escribir, la IKAROS seguía volando en un viaje de 6 meses hasta Venus y de tres años hasta la cara más lejana de nuestra estrella.

Si en el futuro logramos crear nuevos elementos (ver Hombre absorbente) con mejores propiedades puede que los viajes a la estrella más cercana, Alfa Centauri, a menos de 5 años luz, se puedan realizar en el mismo tiempo que ahora nos tomaría llegar a Júpiter. ¿Serán estos los materiales que «visten» el cuerpo de Silver Surfer»?

1.3. ETERNOS

Eternamente vivos

Inspirado en la idea de que nuestro planeta había sido visitado miles de años atrás por avanzadas civilizaciones y que su huella era palpable en construcciones como las pirámides de Egipto o diseños como las líneas de Nazca, el dibujante y guionista Jack Kirby (creador de Thor, los 4 Fantásticos, X-Men, Silver Surfer y otros superhéroes) concibió a los Eternos. Cuenta la leyenda que una civilización alienígena, llamada los Celestiales, llegaron a nuestro planeta cinco millones de años atrás y mediante experimentos genéticos crearon dos razas: los inmortales Eternos y los grotescos y monstruosos Deviantes. A partir de ese momento ambas razas estaban destinadas a enfrentarse entre sí y a luchar por la humanidad: los Deviantes para subyugarla, los Eternos para protegerla.

Aunque en un principio, los Eternos tenían una vida mucho más larga de lo normal, su poder no comprendía la inmortalidad. Pero todo cambio cuando uno de sus líderes, Kronos, llevó a cabo un experimento que falló estrepitosamente y, si bien se llevó por delante la vida del líder, también activó ciertos genes latentes en los Eternos que a partir de entonces lograron la inmortalidad. ¿Habrían sido los genes de la medusa *Turritopsis nutricola*?

Bob Esponja, ¿nuestro antepasado?

Cerca de 998 millones de años atrás la esponja *Amphimedon queenslandica* habría sido el primer animal en el planeta. Lo que la diferenciaba de los vegetales eran, básicamente, las siguientes características: las esponjas son heterotrópicas, es decir, digieren la comida en cámaras internas y no tienen paredes celulares rígidas, como las plantas y los hongos. ¿Y qué tiene en especial esta esponja? El análisis comparativo de su genoma sugiere que sus genes están alineados del mismo modo que el del resto de los animales. Las esponjas tienen entre 18.000 y 30.000 genes, una cantidad muy similar a la de la mosca de la fruta, los gusanos y el hombre. El estudio de su genoma también

apoya la idea de que las esponjas son la raíz del árbol evolutivo de los animales. Compartimos muchos genes con este «Adán de los animales», por más que nos separen casi mil millones de años de evolución.

Poco tiempo después de la esponja surgió otro ser vivo: la mencionada medusa *Turritopsis nutricola*. Este animal sigue un ciclo vital muy
parecido a todas las medusas. Al poco tiempo de nacer, flota libre en
el mar hasta encontrar una roca, se ancla a ella y se convierten en pólipo. Cada pólipo se multiplica hasta formar una colonia que luego se
libera de la roca y se convierte en una medusa que, al alcanzar la madurez sexual, se reproduce sexualmente y... (ahora viene lo bueno)
puede regresar a su estado de pólipo, volver a su madurez sexual... ¡y
así todas las veces que quiera! Esta medusa es inmortal. Aparentemente esta estrategia evolutiva la pone en marcha cuando hay esca-
sez de alimento o muchos depredadores. La medusa inmortal logra
esto gracias a la transdiferenciación, un proceso que permite que una
célula, sin ser célula madre, se transforme en otro tipo de célula. Los
pollos y las salamandras también lo pueden hacer: cuando estas aves
pierden el cristalino del ojo, las células del iris se transforman en células de cristalino. Y si los pollos, con quienes compartimos un ances-
tro en común que vivió 324 millones de años atrás, tienen esta habilidad, ¿por qué no nosotros? La verdad es que ya se está investigando
esto en humanos, pero los resultados aún no son concluyentes. La
empresa Neurotech ha conseguido que fibroblastos (una célula fija,
que nace y muere en el tejido conectivo), exprese características propias de las células inmunológicas. De corroborarse este hallazgo sería
solo un primer paso, en el largo camino necesario para imitar a la medusa inmortal.

1.4. La Mujer Maravilla

Es difícil escapar al lazo de la verdad

Fue creada como personaje en 1940 como una amazona que debía traer a la Tierra los ideales propios de su raza: paz, amor e igualdad sexual en un mundo despedazado por el sexo masculino. Pero más que su historia o sus poderes, de los que hablaremos más tarde, lo importante es quien la creó: William Moulton Martson, doctor en psicología por la Universidad de Harvard en 1921, y quien, siete años antes, había inventado un detector de mentiras que utilizaba la presión sanguínea del sujeto para evaluar si estaba diciendo la verdad… Exacto, Marston fue uno de los pioneros del uso del polígrafo, casi un siglo atrás y no es de extrañar entonces que su creación, la Mujer Maravilla, tuviera entre sus poderosas armas el lazo de la verdad. Pero, sin ser redundantes, la verdad es más fácil de detectar a simple vista que con un lazo. Al menos así lo demuestran recientes investigaciones.

La mentira vive en nuestro cerebro

Primero, los mitómanos tienen entre un 22 y un 26% más de materia blanca que quienes dicen la verdad. La materia blanca es, en cierto sentido, el software del cerebro, mientras que la materia gris es el hardware. Al contar con mayor cantidad de materia blanca (casi 1/4), los mentirosos patológicos tienen más capacidad para transmitir la información de una neurona a otra (la tarea de la materia gris es procesar esta información). De algún modo los mentirosos lo hacen sin pensar, les sale naturalmente. Pero dejan rastro. Y este es lo que se podría utilizar para detectar la mentira sin recurrir al lazo de la Mujer Maravilla.

Miente, miente que algo quedará

Los mentirosos, por ejemplo, repiten frases para enfatizar que están diciendo la verdad. También utilizan lo que se llaman gestos metafóricos, como tocarse el corazón cuando hablan de amor o señalar el tamaño de un objeto para indicar su tamaño. De acuerdo con investigadores de la Universidad de Portsmouth, quienes engañan (o pretenden hacerlo) utilizan un 25% más estos gestos.

Otras herramientas para convertirnos en polígrafos humanos consiste en observar el cuerpo de la otra persona. Según la Asociación Americana de Psiquiatría, que elaboró una lista de referencia de expresiones verbales y no verbales que desnudan la mentira, hay acciones que evidencian el engaño.

Entre ellas se pueden observar:

- Su cuerpo se inclina más hacia adelante.
- Bebe y traga más.
- Se toca más la cara.
- Evita cruzar la mirada con otros.
- Disminuye el parpadeo.
- Aumentan la cantidad de negaciones y de errores en el discurso.
- Se incrementa el tartamudeo en el habla.

Paul Ekman, antiguo profesor de Psicología de la Universidad de California y uno de los mayores expertos en la mentira es, en este sentido, el Hombre Maravilla. En 1991 realizó un estudio que, solo por la expresión facial, le permitió detectar a un 85% de los mentirosos.

La historia cuenta que Marston no habría sido el primero en utilizar un detector de mentiras. Existe una leyenda según la cual el primer «polígrafo» fue creado por un monje indio. El religioso encerraba a los acusados de un crimen en un cuarto oscuro con un burro. Este animal, aseguraba el monje, era mágico pues podía detectar la mentira. El burro, siempre de acuerdo a la leyenda, hablaba cada vez que un mentiroso tiraba de su cola. Pero si quien tiraba de su cola era un hombre honesto, no emitía palabra. Lo que los acusados no sabían es que el monje untaba con betún la cola del burro. Cuando el acusado salía del cuarto y aseguraba que el burro no había hablado, lo único que tenía que hacer el monje era mirar sus manos. Si estas estaban teñidas de negro, significaba que el acusado no tenía nada que ocultar, de lo contrario…

1.5. Micronautas

Hay vida en otro universo

Esta es otra historia de superhéroes de origen accidental. En 1979 Bill Mantlo era uno de los guionistas de Marvel. Para navidades su hijo recibió como regalo unas figuras de acción (los Micronautas) que inspiraron a Mantlo para escribir la historia de unos héroes que viven en un universo paralelo, el Microverso, una serie de planetas o hábitats microscópicos que se entrelazan como una cadena molecular. Eran tan pequeños que en su primera portada se les presentaba como: Micronautas, ¡vinieron del espacio interior!

Ahora, ¿es posible esto? Es decir, ¿existen universos paralelos? Pese a lo sorprendente que pueda parecer, algunos científicos sostienen que sí, existen. Pero para comprenderlos tendremos que hablar un poco de física cuántica.

El universo es absurdo

Empecemos por el mundo cuántico. Para que no os sintáis frustrados, el Nobel en Física Richard Feynman decía que la mecánica cuántica «describe la naturaleza como algo absurdo desde el punto de vista del sentido común, pero concuerda plenamente con las pruebas experimentales. Por lo tanto espero que ustedes puedan aceptar la naturaleza tal como es: absurda». ¿Y qué dice la mecánica cuántica? Básicamente que a nivel microscópico es imposible conocer la velocidad y la posición de una partícula con total precisión. Y que esto (y ahora viene lo confuso) se aplica a cualquier componente de la naturaleza. Pongamos un ejemplo. Imaginaos que estáis en un parque viendo cómo unos niños juegan al pilla pilla. Desde lejos podéis determinar la posición en la que los niños están en cada momento, pero no su velocidad. Para eso deberías acercaros. El problema es que cuando os acercáis para medir la velocidad, los niños huyen ya que piensan que jugáis con ellos, los podéis seguir con un medidor de velocidad, pero ya no podéis determinar su posición pues cuanto más cerca estáis de ellos, más rápido huyen.

De acuerdo con la mecánica cuántica todo objeto se describe mediante una función de onda. Esta, lo que hace es determinar la probabilidad de encontrar un objeto en los distintos estados permitidos. ¿Y qué son los estados? Son las propiedades que describen un objeto: por ejemplo en el parque jugando al pilla pilla. Así cuanto mayor es la magnitud de la onda asociada a una partícula, mayor es la probabilidad de que esté en ese sitio. Actualmente los físicos están llevando esto a escalas mucho mayores: al Universo y la conclusión natural es que existen universos paralelos.

Comienza la función

Ya hemos visto cuánto cuesta medir la función de onda de una partícula con el ejemplo del pilla pilla. La mecánica cuántica, en cierto sentido, dice que todas las variaciones que se dan en el parque (si los niños aceptan que juguemos, si en el juego nos torcemos un tobillo, etc.) interaccionan con la función de onda, pero estas interferencias no podemos verlas porque formamos parte de la función de onda (solo vemos lo que elegimos). Esto se llama *decoherencia*. De un modo muy básico, cada nueva interacción crea una nueva función de onda, una nueva posibilidad: si bajamos a jugar con los niños o si nos vamos a tomar un helado y nos olvidamos de ellos. Cada una de estas dos elecciones aportará nuevas decisiones e interactuarán con la función de onda. Hugh Everett, un físico de Princeton, aseguró, en 1957, que todas estas nuevas posibilidades que se nos presentan, existen: es decir, que en un universo bajamos a jugar al pilla pilla, pero en otro nos fuimos a tomar helado. Cada nueva decisión, crea, en cierto sentido, un nuevo universo. Pero nosotros solo podemos ver aquel que estamos observando, porque formamos parte de esa función de onda. Alan Guth, físico del MIT lo explica diciendo que «hay un universo donde Elvis está vivo». De algún modo es como cuando sintonizamos una radio: las ondas de otras emisoras siguen allí, pero ya no son coherentes con nuestro aparato de radio.

La semilla de otros universos

Finalmente, tenemos la opinión de Lee Smolin de la Universidad de Pensilvania. Smolin se inspiró en las condiciones similares entre las anteriores al Big Bang y las que se darían en el interior de los agujeros negros para deducir que todo agujero negro es la semilla de un universo paralelo que no podemos ver ya que no nos llega su luz. Smolin deducía que cuando un Universo surgía de un agujero negro, la masa de las partículas y las intensidades de las fuerzas (por ejemplo la gravedad) son parecidas, pero no idénticas a las del universo anterior. Debido a que los agujeros negros surgen de cierto tipo de estrellas que se extinguen y que el nacimiento de estas depende de valores, como la masa de las partículas y la magnitud de las fuerzas, el número de agujeros negros que un universo puede producir, depende en gran medida de estos valores. Pequeñas variaciones de estos parámetros resultarían en un universo más óptimo en su capacidad de generar agujeros negros que darán a luz, a su vez, nuevos universos con más agujeros negros y así hasta el infinito. En cierto sentido es como si las estrellas poseyeran ADN, aquellas que dentro de sus genes tuvieran la información para generar agujeros negros (y en ellos nuevos universos), transmitirían los «genes agujeros negros» al nuevo universo, optimizando así el ciclo

para que cada vez se generen más agujeros negros y, lógicamente, según Smolin, más universos paralelos.

Por desgracia, los físicos coinciden también en que estos universos seguramente no tengan vida. Una pequeña variación en cualquier fuerza lo impediría. Por ejemplo, si la fuerza nuclear fuera un poco más fuerte, las estrellas se quemarían demasiado rápido como para que surja la vida. Si, en cambio fuera un poco más débil, tardarían tanto en encenderse que la vida no llegaría a formarse por falta de energía.

Harberlos... haylos

El último hallazgo astrofísico en relación a los universos paralelos es muy reciente. Tanto que casi no entra en este libro. Un grupo de científicos, liderados por Hiranya Peiris del University College de Londres, ha buscado por primera vez indicios de otros universos. Para ello han estudiado la radiación de fondo[1] basándose en que si un universo cercano hubiera interactuado de alguna manera con el nuestro antes del Big Bang, debería haber dejado una huella en el mencionado fondo y esta debería tener unas características muy específicas. Para encontrarlas, los astrofísicos desarrollaron un algoritmo que analiza una pequeña porción de los datos registrados por la sonda Wilkinson Microwave Anisotropy Probe (WMAP) de la Nasa.[2] Y el algoritmo sí que halló datos consistentes con los que se buscaban. Ello no indica que existan universos paralelos, pero sí confirma que podría haber.

La idea de los universos paralelos, que hoy nos parecen tan extraños serán en 50 años, de acuerdo con el físico Max Tegmark del MIT, «igual de controvertidas que lo era, hace 100 años, la idea de otras galaxias».

---

1. En 1965 Arno Penzias y Robert W. Wilson, dos físicos estadounidenses, intentaban mejorar los sistemas de comunicación por antena de las estaciones de la Tierra y los satélites en órbita. De pronto una emisión de ruido, que provenía de todas partes, los sobresaltó. La onda era demasiado pequeña para ser visible y solo podía ser detectada a través de radiotelescopios. La clave del hallazgo fue que su origen no se encontraba en una dirección determinada, sino que llegaba desde todos los sitios. Se trataba de los restos del Big Bang, residuos de la gran explosión que originó el Universo y que ahora conocemos como radiación de fondo.

2. La WMAP es una sonda de la Nasa, lanzada en junio de 2001 con el propósito de medir las diferentes temperaturas procedentes de la radiación de fondo.

1.6. JEMM, HIJO DE SATURNO
Magia cuántica

Este personaje, ideado por Greg Potter para DC Comics en 1984, tiene una biografía bastante turbulenta. De acuerdo con la mitología concebida por Potter, los saturnianos fueron creados por una raza de trabajadores clonados de Marte y son tratados como esclavos por algunos marcianos y como iguales por otros. Este deriva en una guerra civil, de la cual Jemm escapa en una nave hacia nuestro planeta. Aquí aterriza en el barrio neoyorkino de Harlem y conoce a un afroamericano llamado Luther Mannkin (cualquier similitud con Martin Luther King es mera coincidencia) y desde entonces se dedica a combatir las injusticias galácticas enfundado en unas ajustadas mallas azules.

Entre sus poderes, uno de los más notables, es la magia cuántica. Pese a lo enigmático que suena esto, la realidad es que actualmente los científicos sí están haciendo magia a este nivel. Lo más cercano a este tipo de «magia» que podemos actualmente son los ordenadores cuánticos.

Estas partículas están locas

Anteriormente, cuando hablamos de los Micronautas y los universos paralelos, también hablamos de la mecánica cuántica. A escala microscópica, como la que se da en el mundo cuántico, las partículas hacen cosas muy extrañas: se comportan como ondas, es imposible determinar su posición y su velocidad al mismo tiempo y (lo más extraño) es que si no hay ninguna fuerza que se ejerza sobre ellas, pueden quedarse quietas y moverse al mismo tiempo. Este estado se conoce como superposición. Esto ocurre cuando una partícula muestra, simultáneamente, dos o más estados, como la posición o la energía. Uno de los primeros experimentos en este sentido ha permitido hacer girar en sentido contrario a las agujas del reloj y en sentido horario al mismo tiempo, mil millones de electrones (esto puede parecer mucho, pero un cubo rubik tiene casi 3 veces más). El récord experimental

para superposición lo tiene actualmente un equipo de físicos de la Universidad de Santa Barbara, California, que han logrado mover y dejar quieto, al mismo tiempo, un pequeño remo de 30 micrómetros. Puede parecer contradictorio que algo presente dos características opuestas pero, de acuerdo con los físicos, esto sucede a todas las escalas, solo que somos incapaces de verlo porque ocurre a una velocidad imperceptible a nuestros ojo (en el cuerpo humano ocurriría a unos 10-30 segundos). El hecho es que para lograr la magia cuántica los científicos se sirven de esta capacidad de los átomos de estar en un sitio y en otro al mismo tiempo para hacer buscar el ordenador cuántico: la espada Excalibur de los informáticos.

El mago Merlín es español

Y uno de los expertos que investiga en esto es el español Ignacio Cirac, director del Instituto Max Planck de Computación Óptico Cuántica. Ya en 1995, Cirac hablaba de que sería posible construir un ordenador cuántico. ¿Cuál es la diferencia entre un ordenador «normal» y uno cuántico? Un ordenador como los que usamos habitualmente maneja la información a partir de bits con un lenguaje binario, el 0 y el 1. Pero si construyéramos un ordenador en el cual la memoria bit fuera sustituida por átomos (que pueden ser 1 y 0 al mismo tiempo), un ordenador de 500 qubits (bits cuánticos) equivaldría a un procesador con una capacidad de 10 elevado a 150. Actualmente el ordenador más potente, el Jaguar, tiene un petabyte, es decir 10 elevado a 15, apenas un 10% de lo que llegaría un ordenador cuántico hecho con solo 500 átomos. De acuerdo con Cirac un cálculo que a un ordenador que trabaja con bites le tomaría billones de años, a un ordenador cuántico, solo media hora. El riesgo de esto es que un ordenador con esta potencia, al realizar billones de operaciones en un instante, podría descifrar, en minutos, los códigos más secretos no solo de personas, sino de bancos, gobiernos… Vamos, que un ordenador cuántico es el sueño de un hacker. Esto se debe a que en la actualidad la criptografía está basada en que no se puede factorizar (es decir expresar un número como el producto de otros) un número de mil dígitos. ¿Cuán cerca estamos de lograr esto? Hmmmm. Hasta ahora los científicos han logrado conectar tres átomos para que compartan información. La dificultad de aislar átomos individualmente y luego conectarlos entre sí para que compartan información es el mayor obstáculo. Pero es algo realizable, solo que aún no sabemos cuánto tiempo tomará.

1.7. THOR

En casa de herrero...

Este dios de las sagas escandinavas llega al cómic de la mano de Stan Lee y Jack Kirby en 1960. Según su biografía oficial es hijo de Odín, el dios principal de los nórdicos. Thor es agresivo, pendenciero e injusto y su padre le castiga enviándole a la Tierra como Donald Blake, un médico lisiado de una pierna y tullido de la memoria: no recordaría sus orígenes hasta que no fuera capaz de valorar la justicia y la paz. Cuenta la historia que la reprimenda cumple su objetivo y mientras Blake está de vacaciones en Noruega (¿casualidad?), presencia la llegada de extraterrestres que se disponen a invadir nuestro planeta. Preso del pánico huye y queda atrapado en una cueva. Allí se reencuentra con su destino: recupera la memoria y recibe un cayado de madera que cuando lo golpea se transforma en el mítico martillo Mjölnir (según la etimología nórdica significa Demoledor). Desde este momento, si Blake golpea el cayado contra el suelo, este se transforma en Mjölnir y Blake se convierte en Thor. Solo hay un problema: si Thor suelta su martillo durante un minuto en la Tierra, se transforma en su alter ego y, lógicamente es vulnerable. Pero ¿para qué querría Thor soltar el martillo? Pues para volar.

La clave son las revoluciones... por segundo

Una de las proezas, físicamente más posibles, es la que este dios escandinavo realiza gracias a su mítico martillo Mjölnir. Cuando Thor hace girar su martillo en el aire ocurre lo mismo que cuando un helicóptero pretende despegar. A medida que la velocidad de giro asciende, el aire debajo del martillo es presionada hacia el suelo (como si alguien quisiera colocar más algodón en una caja, empujaría hacia abajo el algodón y este presionaría contra los bordes de la caja), mientras que el aire encima del martillo (o las palas del helicóptero) gira a mayor velocidad, pero a menor presión. El aire bajo el martillo de Thor empuja hacia abajo, brindándole un 25% del impulso, pero al mismo tiempo, el aire bajo el martillo (que está a una presión alta) busca la baja presión del aire por encima del martillo que lo atrae como un imán. Si Thor, en el momento de máxima velocidad de rotación, da un pequeño salto, saldrá despedido hacia donde apunte su cuerpo. Para dirigir el vuelo solo debe mover sus piernas hacia la dirección que pretende seguir. Pero antes que compréis un martillo y un casco con pequeñas alas en los laterales, hay una clausula con letra pequeña en el contrato de superhéroe: el martillo debe ser curvo en la parte superior (para que el aire sea impulsado hacia abajo) y debes ser capaz de girarlo por encima de las 200 revoluciones por segundo. Si lo consigues escríbeme a la editorial. Yo te enviaré el traje de Thor sin cargo (no me preguntéis porqué lo tengo).

1.8. Detective Marciano

Tú eres muy sensible

Aparentemente los marcianos no solo tienen la tecnología necesaria para eludirnos y hacerse invisible a nuestros ojos, también pueden teletransportarse. O al menos podían, según cuenta la leyenda de J'onn J'onzz, el verdadero nombre de este personaje. Todo comienza cuando en el planeta rojo, un científico, el doctor Erdel, inventa una máquina para teletransportar personas y se embarca en un viaje a la Tierra junto al pobre J'onzz. Pese a que la máquina funciona aparentemente bien, el doctor Erdel no habría resuelto aún el tema del aterrizaje (o la aparición), porque al llegar a nuestro planeta muere en el impacto, que también destruye la máquina y deja a nuestro héroe, completamente perdido y sin forma de volver a su hogar. Por suerte se le ocurre una brillante idea: hasta que la ciencia marciana encuentre una forma de regresarle a casa, J'onzz esperará en nuestro planeta decidido a combatir el crimen en una ciudad llamada Apex (luego se descubrirá que es Chicago) haciéndose pasar por un detective que responde al nombre de John Jones. Claro que su brillante calva, lo escueto de su traje (un bañador deportivo y una capa) y su piel verde, hacen inevitable que salga del anonimato y se declare como superhéroe y miembro de la Liga de la Justicia (junto a Batman y Superman entre otros). J'onzz se hace pasar por villanos para ingresar en organizaciones delictivas y no teme morir en numerosas ocasiones con tal de preservar el bien en nuestro planeta. Por si fuera poco, los guionistas también lo sacrifican cada poco en virtud de un extraterrestre más conocido y con más tirada: Superman.

Esto tiene mucho sentido

A menudo se menciona que este personaje tiene otros sentidos, más precisamente nueve, pero nunca se aclara cuáles son, ni de qué le sirven. De todos modos resulta una birria si los comparamos con los 21 sentidos que muchos científicos aceptan que tenemos (por no hablar de aquellos más radicales que nos otorgan 33 en total).

Estamos acostumbrados a percibir el mundo a través de nuestros cinco sentidos. Y solo a través de ellos. Pero nos engañamos. Hagamos un ejercicio: poneos de puntillas y a la pata coja. ¿Cuesta mantener el equilibrio? Y si extendemos los brazos, ¿cuesta más o menos mantenerlo? Pues aquí tenéis un nuevo sentido: el equilibrio. Para que exista un sentido, debe haber un órgano que se encarga de llevar la información al cerebro, un órgano cuya tarea sea, específicamente, trasladar esa información. El equilibrio se encuentra en nuestro oído. Imaginaos un nivel, esa regla propia de la construcción que cuenta con una pequeña cápsula con un líquido en el interior y se utiliza para comprobar la inclinación de cualquier plano: si la burbuja de la cápsula se encuentra en el centro, no hay inclinación, de lo contrario, el plano no está recto. Algo similar ocurre en nuestro oído, solo que en lugar de un líquido cualquiera, nosotros contamos con uno llamado *endolinfa* que avisa al cerebro inmediatamente si la «burbuja» está inclinada para que compense la diferencia.

Una característica fundamental de los sentidos es que sin ellos careceríamos de información fundamental para relacionarnos con el entorno. Sucede con el equilibrio y también con otros como la percepción del dolor, de la temperatura, de la posición de nuestras articulaciones (propiopercepción), del movimiento (cinestesia) y hasta algunos sentidos internos. La lista completa de los 21 sentidos que señala la ciencia incluyen dos de la vista (percibir la luz, aún con los ojos cerrados y el color) los cuatro sabores (dulce, amargo, salado y agrio), el tacto, el olfato, el oído, el equilibrio, la sed, el hambre o algunos tan extraños como el contenido de oxígeno en sangre, la dilatación pulmonar o el ph del fluido cerebroespinal. Los 6 sentidos restantes, no tan sorprendentes como los últimos y por ello más identificables, se explican en la Tabla 1.

Sentido	Órgano	Funcionamiento
Dolor	Células Nociceptoras	Son células sensibles que se encuentran en todo nuestro cuerpo y se activan cuando el estímulo sobrepasa un determinado umbral. En ese momento envían una señal de daño al Sistema Nervioso Central.
Propiocepción (Capacidad de saber dónde están nuestras extremidades)	Husos musculares	Estos husos están formados por pequeñas fibras musculares inervadas con nervios que informan de la longitud del músculo a células sensibles similares a las que nos informan del equilibrio. Gracias a ellas nos podemos mover en la oscuridad y podemos tocarnos la nariz aun con los ojos cerrados.
Cinestesia (el sentido del movimiento)	Intervienen los mismos órganos que en la Propiocepción.	En este caso la información se trasmite al centro del equilibrio que informa de cualquier movimiento de nuestro cuerpo.
Temperatura (frío y calor)	Los órganos involucrados aún están bajo Investigación, pero se sabe que están relacionados con el tacto.	La información se dispara cuando sentimos temperaturas que están por debajo de nuestra temperatura corporal (frío) o cuando están por encima (calor)
Presión	Receptores en la piel	Nos informa del peso de un objeto. Es un sentido que se puede entrenar. Por ejemplo aquellos habituados a levantar grandes pesos, la presión les permite evaluar la distancia y el tiempo que les llevará trasladar el objeto. También está muy desarrollado en buzos, que pueden sentir en su cuerpo las diferentes presiones del agua a medida que bucean a mayor profundidad.

VILLANOS

1.9. BLACKHEART

La mente en blanco

Los asesinatos cometidos durante siglos en un bar de Nueva York conocido como Christ's Crown (La Corona de Cristo) se han convertido en una cantidad de energía maligna suficiente para permitir que el demonio Mefisto cree un hijo propio: Blackheart. Este tiene el poder de dominar las mentes y lavar el cerebro. Así, logra torturar a Daredevil y crear un escuadrón para enfrentarse a su propio padre. Pero pierde y Mefisto lo envía a la Tierra para que aprenda humildad. Por suerte en nuestro planeta hay buenos maestros y Blackheart pronto se cruza con Ghost Rider y Wolverine en Christ's Crown. El plan de Blackheart es llevar a los superhéroes a quebrantar su promesa de no dañar inocentes por lo que secuestra a una niña y le lava el cerebro. Para el demonio este es un paso previo para construir otro ejército que se enfrente a su padre por el poder del ultramundo. Pero los héroes no se dejan engañar y derrotan a Blackheart sin dañar a ningún inocente. Y con la conciencia limpia. Será porque no les lavaron el cerebro.

Guía para una mente limpia

A finales de los años 1950, el psicólogo Robert Jay Lifton comenzó a estudiar las consecuencias que había tenido la Guerra de Corea (1950-1953) en prisioneros de guerra estadounidenses. Los análisis

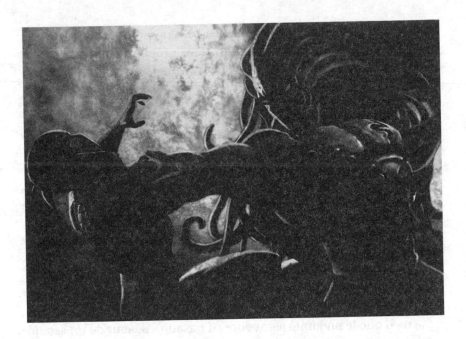

determinaron que la mayoría de ellos habían sufrido un proceso que comenzaba con ataques a la autoestima y terminaba con un cambio en las creencias personales. Este tipo de trabajos fue lo que desarrolló entre los estadounidenses el miedo al comunismo y al lavado de cerebros que este podía ejercer, causando entre políticos, artistas y deportistas, una caza de brujas. Pero… ¿tiene alguna base científica el lavado de cerebros?

De acuerdo con Lifton, sí. De hecho elaboró una serie de pasos que definen y determinan cómo es posible lavar el cerebro. Cada uno de estas etapas se lleva a cabo en un entorno de aislamiento en el cual todas las referencias sociales normales están ausentes y que es incrementada recurriendo a la privación de sueño, malnutrición y a la constante sensación de amenaza que dificulta pensar de modo crítico e independiente.

- El primero de ellos es el asalto a la identidad. Y la consigna que se intenta instalar es «no eres quien tú piensas». Se basa en un ataque sistemático a la identidad de la persona y sus creencias: «No eres un soldado», «no eres un hombre». Durante semanas se mantiene esta constante hasta que la víctima está exhausta y confusa y su escala de valores se tambalea.
- Segunda etapa: Culpa. «Eres malo.» Mientras la crisis de identidad se instala en el prisionero, el torturador crea un gran sentimiento

de culpa basado en cualquier «pecado» que podría haber cometido la víctima, que empieza a sentir la vergüenza de su comportamiento, como si todo lo que hace es erróneo.

- Tercera etapa: Autotraición. «Concuerda conmigo que eres malo.» Una vez que el sujeto está desorientado y abrumado por la culpa, su torturador lo fuerza (mediante coacción o amenaza de daño físico) a denunciar a su familia, sus amigos o cualquiera que comparta su «erróneo» sistema de valores. La traición hacia su círculo personal hace que la culpa sea aún mayor.
- Cuarta etapa: Punto de ruptura. «¿Dónde estoy, quién soy y qué se supone que debo hacer?» Una vez que ha traicionado a su gente y con un sentimiento de culpa extremo, la víctima sufre una ruptura: pierde su contacto con la realidad y siente que se encuentra completamente perdido y solo.
- Quinta etapa: Misericordia. «Puedo ayudarte.» Con la víctima en un estado de crisis completo, el torturador le ofrece una pequeña muestra de amabilidad. Puede que sea simplemente un vaso de agua o que le pregunte algo sobre su pasado. Al venir de un estado de tensión total, el prisionero siente que ese pequeño gesto es enorme y experimenta gratitud y alivio, tanto como si el carcelero le hubiera salvado la vida.
- Sexta etapa: Compulsión de confesión. «Puedes ayudarte a ti mismo.» Por primera vez en todo el proceso de lavado cerebral, la víctima se enfrenta al contraste entre la culpa y el repentino sentimiento de compasión. En ese momento tiene la necesidad de ser recíproco con la amabilidad que han tenido hacia él. Es en esta instancia cuando se le presenta la posibilidad de confesar todos sus «pecados».
- Séptima etapa: Canalizar la culpa. «Por esto sientes dolor.»
  Después de semanas o meses de continuo asalto, confusión e intentos de romper la identidad de la víctima, esta no sabe qué es exactamente lo que ha hecho mal. Solo sabe que está equivocado. La situación hace que haya muchos vacíos en la mente de la víctima que el carcelero se encargará de llenar, ubicando la culpa en el casillero que le sea más conveniente: el sistema político, el país o sus valores familiares. Llegado este momento, el prisionero «se da cuenta» que es su sistema político por ejemplo, lo que causa su sentimiento de culpa. El contraste entre su vida pasada y su realidad actual ha sido establecido. El viejo sistema es el culpable de su dolor y el nuevo es la forma de escapar de ese dolor.
- Octava etapa: Liberar la culpa. «No soy yo, son mis creencias.»
  La víctima por fin encuentra alivio al ser consciente que existe una causa externa para su comportamiento erróneo, que no es él

quien es inevitablemente malo. Eso quiere decir que puede escapar de ello, huyendo del sistema. Y todo lo que tiene que hacer es denunciar a la gente y a las instituciones responsables (que puede ser un gobierno, una familia o una empresa). Con esta confesión en la mano, la víctima ha completado su rechazo psicológico a su pasada identidad y es el carcelero quien le puede ofrecer una nueva.

Un microchip para controlarlos a todos

Todos estos conocimientos podrían permitir dirigir la conducta de alguien, al menos en la teoría. Pero la tecnología ha dado un paso para gobernar la mente ajena. Científicos de la Universidad del Estado de Nueva York implantaron unos electrodos en el cerebro de varias ratas con el propósito de estimular las células del córtex, en particular los centros que gobiernan el placer. Luego un ordenador portátil, que conectaba los electrodos a una red, estimulaban a las ratas para seguir un circuito de obstáculos: cuando había dos caminos por elegir, si la rata elegía el adecuado era estimulada, de lo contrario, no recibía ninguna «recompensa neuronal». De este modo se construyeron los primeros robots vivientes que obedecían, sin chistar, órdenes. Y lo increíble es que las ratas no sabían que estaban siendo guiadas. ¿Tendremos esa misma ignorancia? ¿Estaremos siendo guiados y aún no nos dimos cuenta?

1.10. INMORTUS

El tiempo en sus manos

Parece ser que la vida del soldado es muy dura. Al menos Kang, el Conquistador, así lo veía. Más aún cuando debió soportar la pérdida de su hijo Marcus y su consorte Ravonna. Apiadados de su desdicha, una raza de alienígenas, los Protectores del Tiempo (viajeros del tiempo del fin del Universo), le ruegan que se convierta en su agente y en lugar de conquistar distintas épocas, las preserve. A cambio le darán la inmortalidad. Obviamente Kang acepta, pero tiene sus propios planes: conquistar el Universo. Claro que, afortunadamente para nosotros, nunca lo consigue y siempre termina derrotado a manos del equipo de superhéroes Los Vengadores. Inmortus no solo es inmortal, también tiene la capacidad de manipular el tiempo. ¿Puede viajar al pasado? La verdad es que no. De hecho, Stephen Hawking siempre asegura que si se pudiera viajar al pasado, los turistas temporales ya nos hubieran venido con el cuento. Pero ¿y qué hay de los viajes al futuro? Pues este es otro tema. Pensemos en un objeto con una gravedad tan grande que nada pueda escapar de él, ni siquiera la luz, pensemos en un agujero negro.

La cuarta dimensión

Cuando hablamos de Superman, mencionamos que la gravedad no solo afecta a las tres dimensiones espaciales, sino también a la dimensión temporal. Y ahora toca explicar esto. Hablemos de Einstein y de Newton primero. Cuando el físico inglés formuló su ley sobre la gravedad concibió el tiempo como una flecha: inmutable en su trayectoria, un minuto sería un minuto en cualquier lugar del Universo. Sin embargo Einstein reformuló esa ley. Para el sabio alemán, el tiempo era más un río que se ajustaba al terreno variando su forma de acuerdo a los obstáculos que se encontrara en el camino. Así, cuantos más obstáculos, más lentos… y estos obstáculos, en el escenario del Universo, representan la gravedad. Por lo tanto, cuanta mayor es la

gravedad, más lento pasa el tiempo. Esta teoría (parte de la relatividad especial de Einstein) pudo ser comprobada cuando se puso en órbita el transbordador espacial. Allí se situó un reloj sumamente preciso coordinado exactamente con otro idéntico en la Tierra. Y una vez en órbita, a unos 300 kilómetros de altura (aún bajo la influencia de la gravedad terrestre, pero en una medida mucho menor) se comprobó que el reloj del transbordador espacial iba un poco más rápido que el de la Tierra pues la gravedad era menor. ¿Cuánto más rápido? Pues casi nada: en 105 años la diferencia sería de un segundo. Otro experimento más reciente es el que realizaron físicos del Instituto Nacional de Estándares y Tecnología (NIST). Allí han demostrado que este efecto también sucede con una diferencia de altura de solo 33 centímetros. Y que esto hace que envejezcamos más rápido cuando nos colocamos un par de peldaños por encima del suelo en una escalera, pero la diferencia es tan pequeña que solo se añaden aproximadamente 90 milmillonésimas de segundo a una vida de 79 años. El experimento se realizó con dos relojes atómicos.[1] Tan precisos son estos relojes que si

---

1. Un reloj atómico funciona midiendo el ida y vuelta de un átomo que choca contra un «suelo» y un «techo» de energía más de 9 mil millones de veces por segundo y «siempre» a la misma velocidad.

hubieran estado funcionando desde la formación de la Tierra, hace unos 15.000 millones de año, solo se hubieran retrasado poco más de 4 segundos. Los dos relojes atómicos, situados en distintos laboratorios, estaban conectados por 75 metros de fibra óptica.

¿Dónde están los viajeros del tiempo?

En pocas palabras y volviendo al ejemplo de Superman: ¿recordáis el símil del colchón y cómo una bola pesada combaba el espacio? Pues la misma bola también modifica el tiempo si se encuentra cerca de su zona de influencia. Y, como hemos visto recién, cuanto mayor es la influencia de la gravedad sobre el tiempo, más lento transcurre este.

Inmortus, nuestro superhéroe de turno, es capaz de manipular el tiempo. Como decíamos antes, viajar al pasado es algo que viola las leyes de la física. Para ello habría que viajar más rápido que la luz y ello, como veremos con Flash, es imposible debido al incremento de la masa. (Si no puedes aguantar la curiosidad, vete a ver a Flash y vuelve como un ídem.) Pensemos en un objeto con una gravedad tan grande que nada pueda escapar de él, ni siquiera la luz, pensemos en un agujero negro.

Quien primero habló de ellos fue el astrónomo alemán Karl Schwarzchild y lo hizo como complemento de las teorías de Einstein. Schwarzchild postulaba que si la masa de una estrella está concentrada en una región suficientemente pequeña, de tal modo que la masa de la estrella dividida por su radio supere un valor crítico, su influencia sobre el tiempo y el espacio sería tan grande que nada podría escapar de su atracción. Pero ¿cuán concentrada tiene que estar esta estrella para que esto suceda? Por ejemplo, si nuestro sol pasara de sus 724.000 kilómetros de radio a solo 3 km, se convertiría en un agujero negro. Para que os deis una idea, el Sol cabría en un espacio aproximado al de la Alhambra de Granada y un vaso de esta estrella pesaría tanto como los Pirineos.

Buscando el túnel del tiempo

Los astrónomos buscan la existencia de agujeros negros observando comportamientos extraños en estrellas cercanas. Cuando el gas y el polvo de estas estrellas llega al horizonte de sucesos de un agujero negro (una esfera invisible en el agujero negro, un punto de no retorno en el que todo entra, pero nada sale) se aceleran casi a la velocidad de la luz y la fricción genera una enorme cantidad de energía que hace que la mezcla de gas y polvo se vuelva incandescente y emita luz visible y rayos X. Hay muchas pruebas en este sentido que indican que en el centro de la Vía Láctea hay un agujero negro que tendría más de dos millones de veces la masa del Sol.

Supongamos que Inmortus pudiera situarse, cuando él quisiera, cerca de un agujero negro, justo al borde del horizonte de sucesos, pero sin caer en él. Allí, debido a la atracción gravitatoria, el tiempo sería muchísimo más lento. Por ejemplo, si el agujero tuviera mil veces la masa del Sol, el reloj de Inmortus correría unas diez mil veces más lento que el de cualquier amigo que tuviera en la Tierra. Lo extraordinario es que esto es compatible con las leyes de la física, por lo tanto, si encuentras un agujero negro y logras mantenerte un año suspendido en el horizonte de sucesos, cuando regreses a la Tierra, aquí habrán pasado 10.000 años mientras tú solo habrías pasado 365 días.

1.11. LOBO

Algo huele mal

Este extraterrestre, originario del planeta Czarnia, es un mercenario interestelar y cazarrecompensas (supongo que existirá una galaxia neutral, una Suiza del espacio, para depositar el dinero que se obtiene con esta clase de trapicheos). Obviamente entre sus poderes se encuentra el de la fuerza sobrenatural, la regeneración casi instantánea y la capacidad de sentir placer con la muerte ajena. Tanto que en uno de los enfrentamientos con Superman le asegura: «Soy el último czarniano. Me deshice del resto de los habitantes de mi planeta para mi proyecto de ciencia. Deberías ponerme un sobresaliente». Por si las cosas no han quedado claras, su nombre real es Khundian, que significa «quien devora tus entrañas y lo disfruta». El hijo de una madre muy cariñosa. Este personaje tiene el poder de detectar, por el olor, a cualquiera de sus objetivos a través de distancias siderales. Obviamente esto es imposible, pero el sentido del olfato, el más relegado entre los cinco que tenemos, sí que tiene características únicas.

La clave está en los mocos

En los humanos, el centro olfativo se encuentra justo debajo del cerebro, en una región llamada mucosa nasal. Allí está localizado el epitelio olfativo que, a su vez está cubierto de moco. La mucosa nasal tiene células receptoras que comienzan a actuar cuando nos llega un olor. De acuerdo con Peter Brenan, experto de la Universidad de Bristol, cuando las moléculas que forman un aroma entran por la nariz y se disuelven en el moco «se unen a estas células receptoras que son como una especie de garaje donde las moléculas del olor caben con bastante precisión. De hecho tenemos unos 350 de estos garajes, aunque lo correcto sería llamarlos receptores de olor. Pero esto no quiere decir que seamos capaces de detectar solo 350 aromas». Sucede un poco como con la televisión, vemos muchos colores, pero en el fondo todos ellos están siendo generados solo

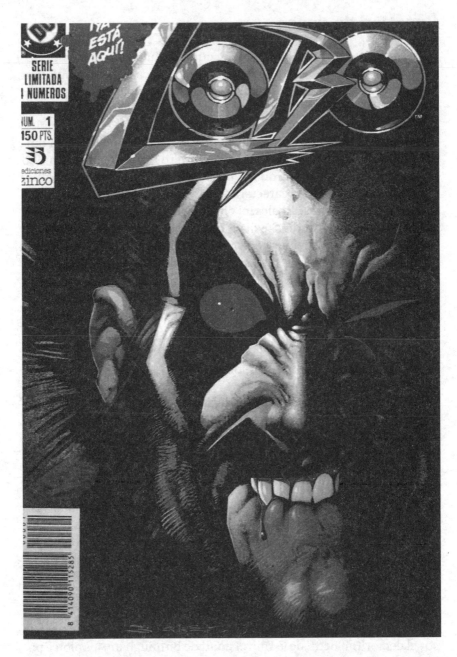

por tres: rojo, verde y azul. Los humanos podemos detectar unos 10.000 olores.

Lo cual, comparándonos con otras especies, como la ballena que no tiene sentido del olfato, no está nada mal. Pero ¿qué es lo que permite que detectemos tantos tipos distintos de aromas?

Cuestión de genes

Recientemente los científicos han descubierto una gran familia de genes que codifican los receptores de olor y se encargan de programar entre 500 y 1.000 diferentes tipos de neuronas que están dispuestos aleatoriamente en el bulbo olfativo. Los científicos demostraron que cada una de estas neuronas participa activamente en el acto de oler. Cuando la información sensorial llega, el estímulo activa todo el bulbo olfativo y no solo algunos receptores. Pero por cada olor el bulbo traza una especie de mapa que es único e individual y que le permite al cerebro identificar sus características.

Al igual que en los animales, el olor juega un papel muy importante en nuestra vida. Estudios realizados en el Centro de los Sentidos de Monell, en Filadelfia, demostraron que los olores personales están codificados por los genes de histocompatibilidad, los mismos encargados de que aceptemos o rechacemos implantes y podrían afectar nuestra elección de pareja al hacer que nos sintamos atraídos por quienes tienen una información genética diferente de la nuestra.

Los traemos desde el vientre

También se ha demostrado que los recién nacidos son capaces de distinguir entre una trozo de tela usado por su madre y el que ha llevado otra mujer que también haya dado a luz recientemente.

Esto no es extraño en absoluto. «Nuestro olfato —aclara Brenan—, es un sentido muy primitivo. De hecho en nuestro cerebro actual, la mayor parte del área cortical se desarrolló a partir de regiones de cerebros primitivos dedicadas al sentido del olfato e íntimamente relacionadas con áreas emocionales de un modo más directo que otros sentidos.»

En los humanos, el olfato también está muy relacionado con la memoria, tanto que cuando la región cortico-temporal se encuentra dañada, también merma nuestra capacidad olfativa. Y hay estudios que demuestran que lo que memorizamos resulta más fácil de recordar si lo hemos aprendido en la presencia de un olor que luego podamos evocar. Por si fuera poco, también y de acuerdo con una investigación realizada por el doctor Tim Betts, de la Universidad de Birmingham, los olores podrían afectar, positiva o negativamente la cantidad de ataques de pacientes epilépticos. Sus resultados muestran que la fragancia de Ylan ylan, disminuía los ataques, mientras que la de romero los aumentaba.

Parte 2

MUTANTES

¿Todo tiempo mutado fue mejor?

Primero la radiación y luego las bombas de Hiroshima y Nagasaki pusieron a las mutaciones en el candelero. ¿Podemos convertirnos en mutantes? La realidad es que, en cierto sentido, ya lo somos. Solo que ocurre a lo largo de varias generaciones y muy levemente. En 2009, un grupo de 16 científicos de distintos países analizó la secuencia de la misma parte del ADN (unos 10 millones de nucleótidos del cromosoma Y) de dos hombres a los que separaban 13 generaciones. ¿El resultado? Cada uno de nosotros lleva entre 100 y 200 mutaciones en su ADN, afortunadamente la mayoría de ellas son inofensivas y no afectan nuestra salud. Pero algunas pueden hacerlo y causar enfermedades que nada tienen que ver con las que padecen los siguientes personajes.

HÉROES

2.1. Aquaman

Diálogo de besugos

Otro personaje cuya vida oscila entre varias biografías, dependiendo del autor. La primera de ellas la relata el propio Aquaman: «La historia debe comenzar nombrando a mi padre, un famoso explorador submarino; si dijera su nombre, rápidamente lo reconoceríais [¿sería Jaques Cousteau?]. Mi madre murió cuando yo aún era un bebé y mi padre se volvió hacia el mar para atenuar su dolor y al mismo tiempo intentar resolver los secretos marinos. Su mayor descubrimiento fue una ciudad antigua que identificó como el reino perdido de la Atlántida. Se hizo en ese mismo sitio una casa estanca y vivió allí, registrando todos los conocimientos de la civilización perdida y estudiando los increíbles avances de sus habitantes. Gracias a los libros que recuperó, me enseño a sobrevivir bajo el agua, obteniendo oxígeno de esta y a recurrir a los poderes oceánicos para hacerme fuerte y veloz. Gracias al entrenamiento y a cientos de secretos científicos me he convertido en lo que veis: un ser humano que vive en las profundidades marinas». Aparentemente la vida no es tan solitaria en el fondo del mar para Aquaman porque logra comunicarse con los animales.

¿Qué onda tiene el sonido?

Supongamos que pudiéramos entender el lenguaje de las ballenas, los delfines o los pulpos… comunicarte con ellos te sería mucho más fácil debajo del agua (y más si es salada, ya veremos porqué) ya que podrías cubrir grandes distancias. El sonido son ondas que se transmiten por un medio (por ejemplo, un trozo de madera) y producen perturbaciones en este. En el caso del oído humano, estas ondas llegan a nosotros como perturbaciones en el aire y producen ondas mecánicas en los huesos de nuestro oído. Imaginaos el sonido como una ola marina que va a estrellarse contra un muelle: el medio por el que se transmite, en este caso es el agua, pero cuando choca contra el muelle (los huesos del oído) este vibra por el impulso de las ondas y aunque no nos mojemos con el agua, sí sentimos su impacto. Afortunadamente nuestro cerebro traduce ese impacto y lo convierte en sonidos inteligibles. Para que el sonido se propague debe haber un medio que le permita «viajar» a través de él, de ahí que en el vacío del espacio no haya sonido (las explosiones que escuchas en tus series del espacio no son posibles, lo siento).

¿Te suena raro?

El sonido se sirve de las partículas presentes en el medio para ir «chocando» con ellas (las hace vibrar) de modo que cuantas más partículas tenga el medio, más rápido viajará. En el aire, por ejemplo, las partículas están muy dispersas, de modo que el sonido viaja lento, a unos 343 metros por segundo (obviamente no es tan lento, pero el sonido es capaz de mucho más). En un medio líquido, por ejemplo el agua, alcanza los 1493 m/s, pero en el agua salada, que no tiene tantas burbujas de aire y es más densa que el agua dulce, alcanza los 1540 m/s. En la madera, el sonido se propaga a unos 3.900 m/s, en el hormigón alcanza los 4.000, en el acero los 5.100 y en el aluminio los 6.400 m/s. Comparado con estas cifras, la velocidad de propagación en el agua puede parecer modesta, pero si lo traducimos a kilómetros por hora se transforma en ¡5.544.000 kilómetros recorre el sonido debajo del agua salada en una hora! Suficiente como para ir y volver a la Luna unas siete veces.

Hablar para ver

La velocidad de transmisión del sonido es, para los animales que viven bajo el agua (y para Aquaman, claro) tan importante como los colores para nosotros: les ayudan a comprender el mundo en el que viven. Por más extraño que pueda sonar, existen animales ciegos, pero aún no han sido documentados casos de animales sordos. Bajo el mar, los mamíferos marinos (los más estudiados en lo que se refiere a sonidos) recurren a las ondas sonoras para «ver» ya que la luz no llega a todas partes. ¿Cómo lo hacen? Estos animales se sirven de dos clases de sonidos: los de larga distancia y los de corta. Los primeros sirven para reproducción, señalar el territorio propio y el mantenimiento del

grupo, mientras que los sonidos de corta distancia sirven para alimentación, comunicarse con una cría y para señalar un comportamiento agresivo (cuando alguien invade el territorio). Cuando el sonido emitido choca contra un obstáculo (una roca, un cardumen de peces o un barco), las ondas regresan a la fuente de emisión. El tiempo que tardan en regresar determina la distancia, mientras la forma de estas ondas reflejan el tamaño y la forma del objeto. Sí, también les permite determinar la forma. Y es, más o menos, del siguiente modo. Imaginaos que tenemos una masa de plastilina del tamaño de un balón de fútbol. Si le pegamos con el puño cerrado, la huella que queda será el «reflejo» de nuestro propio puño. Las ondas emitidas por mamíferos marinos trabajan de un modo similar; el eco que vuelve es el que ha chocado con toda la superficie del objeto y ha quedado «marcado» con su perfil. Este sistema es tan preciso que un delfín es capaz de detectar una bola de golf a cien metros de distancia... y decir que es una bola de golf (bueno, lo diría si supiera qué es).

¿Hablas balleno?

Ahora viene la pregunta Aquaman, ¿podremos o no comunicarnos con estos animales? La respuesta es ni. O so. Estudios realizados en el cerebro de cetáceos demuestran que el área relacionada con la comunicación está muy desarrollada, es decir, tienen un lenguaje que funciona, también, mediante ondas sonoras. Cuanto más se estudia el comportamiento de los cetáceos y su reacción a ciertas «palabras» más fácil es elaborar una especie de diccionario en el que determinado click signifique «no te acerques a mí», «te estás alejando de la manada» o «mira, allí hay comida». El primer paso debería ser encontrar el click, el sonido, que signifique «Hola, vengo en son de paz». Recientemente Hal Whitehead, biólogo de la Universidad de Dalhousie, ha determinado que cada cetáceo tiene una voz propia, igual que los humanos. Esto se debe a que al emitir el sonido, este rebota en la cavidad craneana del animal y esta es como una huella digital, única, de modo que el sonido es prácticamente idéntico, pero tiene ciertos matices que hacen que sea posible que una cría identifique a su madre gracias a la unicidad de su voz. Whitehead también descubrió que los cetáceos tienen su propio «idioma» dependiendo del lugar: hay sonidos que solo hacen ciertos grupos y que no se han registrado en ninguna otra familia. Si logramos crear un diccionario humano-cetáceo universal, quizás algún día podremos comunicarnos con ellos.

2.2. Deadman

La muerte le sienta bien

Uno de los pocos superhéroes con caso cerrado y misión cumplida. La vida de Brandon Cayce era lo que siempre había soñado: era piloto comercial de una aerolínea, conocía mundo, era respetado y tenía éxito en otros terrenos igual de importantes en el mundo del cómic (léase mujeres y coches). Pero un accidente de avión lo lleva a la muerte. O lo quiere llevar, ya que Brandon se niega y comienza una existencia, ni viva ni muerta, que lo condena a visiones de otras realidades y otros tiempos. En una de estas visiones se encuentra con Sarah, su amor de juventud, pero ahora la viuda embarazada de su hermano Scott (tampoco yo entiendo por qué no visionó otra realidad un poco mejor) y de un modo que ignoramos convence a Sarah no solo de que son perseguidos por hombres que quieren apoderarse del niño, sino también de que Scott ha sido poseído por una entidad llamada Devlin, que es el verdadero padre del pequeño. Pero aquí no termina todo. Brandon, que evidentemente es muy convincente (o Sarah muy inocente), le cuenta a su antigua novia que Devlin ha abducido el feto de Sarah y lo ha trasplantado a otra mujer que se encuentra encerrada hasta que nazca el niño, que se convertirá en «el futuro de la raza humana, el primer humano en ser consciente de otras dimensiones». El niño finalmente nace, pero su madre, bueno, su segunda madre, Eve, muere a manos de su marido en el momento exacto en que Sarah llega al sitio y se hace con el recién nacido. Devlin propone entonces un trato (no sabemos por qué propone un trato si es tan poderoso como para abducir un bebe en plena gestación, pero lo hace): cambiar la vida del niño, por todas las vidas futuras de Brandon y Sarah. Si Brandon no acepta, morirá a manos de Devlin. Por supuesto, Brandon se niega y salva de este modo a Sarah y al niño.

Se me olvidó que te olvidé

Entre los poderes de Deadman, uno de los más interesantes es que tiene la capacidad de borrar la memoria. Para saber cómo es posible esto, primero hay que entender cómo funciona la memoria y después ver qué implicaciones científicas tendría borrar nuestros recuerdos. Vamos a ello. Las células nerviosas, las neuronas de nuestro cerebro se comunican entre sí enviando señales eléctricas que desencadenan, a su vez, la producción de químicos a través de pequeños espacios entre las neuronas llamados sinapsis. A medida que una neurona se «comunica» con otra, los cambios químicos en las sinapsis hacen que la señal se traslade con mayor facilidad, como si fuera un lubricante. Si las señales son muy pocas, la transformación a nivel neuronal es pequeña (esto es la memoria a corto plazo) y todos los cambios producidos se almacenan en el hipocampo. Pero si seguimos incorporando datos, los cambios en las sinapsis se vuelven permanentes… y se produce la memoria a largo plazo. Eric Kandel, neurólogo de la Universidad de Columbia, explica que, en cierto sentido, la memoria a largo plazo involucra un cambio anatómico en el cerebro. Es como si cada neurona, al recibir información, si se une a otra de modo permanente, crea un recuerdo «imborrable». ¿Tenemos neuronas suficientes para tantos recuerdos? Más que de sobra. Primero, no nacemos con un número fijo de neuronas que a medida que se ocupan de una tarea dejan de servir para otro propósito. Las neuronas nacen y mueren cada día. Pero, por si esto no fuera suficiente, como promedio tenemos unos 100 mil millones de neuronas en nuestro cerebro. Esto quiere decir que si viviéramos 70 años, podríamos usar 450 neuronas cada segundo de nuestra vida. Y aún sobrarían. Ahora ya sabemos cómo funciona el almacenamiento de los recuerdos, pero ¿cómo los buscamos?

En busca de la memoria perdida

El neurólogo Andre Fenton lo sabe. La culpable de todo es la enzima PKMzeta. Esta enzima actúa como un pegamento entre las conexiones neuronales que se activaron juntas para grabar un recuerdo, por ejemplo, nuestro primer cumpleaños. Así que cada vez que queremos recordar nuestro primer aniversario, recurrimos a estas neuronas que se activan para mostrárnoslo. Para reconocer la importancia de esta enzima, Fenton realizó un experimento con ratones. En una mesa puso un ratón y en otra zona de la mesa una placa de metal se activaba cada vez que el ratón la pisaba, produciéndole una pequeña descarga eléctrica. Al poco tiempo, la rata aprendió a evitar la placa porque recordaba que le producía dolor. Para dar una vuelta de tuerca al estudio, Fenton inyectó el hipocampo de la rata con un químico llamado

ZIP, que inhibe la acción de la enzima PKMzeta. ¿Qué sucedió? Que la rata volvió a pisar la placa. Pese a no ser la única enzima activa en la sinapsis, la PKMzeta, sí tiene un papel fundamental en la formación de recuerdos a largo plazo: los borra.

La cura es olvidar

Los beneficios de saber cómo funciona nuestra memoria, permiten que los científicos se acerquen más a soluciones viables para enfermedades neurodegenerativas como el Alzheimer, pero, ¿de qué les sirve investigar en borrar la memoria? Y ¿es posible hacerlo? Científicos de la Universidad de Amsterdam responderían a esto que muy probablemente. Dar una píldora a personas que han sufrido un terrible accidente, que han sido víctimas de abusos o que han pasado por una experiencia muy traumática, podría ayudarles a seguir adelante. La conclusión del equipo de Merel Kindt, de la Universidad de Amsterdam se basa en un estudio que han realizado en un grupo de voluntarios. Estos eran sometidos a una sesión en la cual se les «generaba» un miedo: mientras se les mostraban imágenes de arañas, recibían una pequeña descarga, lo que contribuía a crear la sensación de temor ante la imagen. Al día siguiente se les dividió en dos grupos, a uno de ellos se les suministró una sustancia betabloqueante (utilizada habitualmente para trastornos cardíacos) y al otro grupo un placebo. Entonces ambos grupos fueron, nuevamente, sometidos a otra «sesión de fotos» de arañas. Al mismo tiempo los científicos hacían ruidos fuertes de modo sorpresivo, cerca de los voluntarios. Todos los voluntarios parpadeaban al escuchar el ruido mientras veían las arañas, pero quienes habían tomado el betabloqueante lo hacían sensiblemente menos que aquellos que habían tomado el placebo, lo que sugiere que estaban más calmados. Al día siguiente, cuando el betabloqueante ya estaba fuera del sistema de los voluntarios, se volvió a realizar la prueba y se obtuvo un resultado similar, lo que hace pensar que el efecto es duradero. En la actualidad el equipo de Kindt investiga cuan duradero es este efecto.

2.3. Concrete

Esto no tiene sentido

De acuerdo con el argumento de esta historia, a Ron Lithgow unos extraterrestres le trasplantan accidentalmente el cerebro a un cuerpo artificial. ¿Cómo se trasplanta accidentalmente un cerebro? Esta es una pregunta que más vale dejar pasar. El hecho es que el nuevo cuerpo de Ron es de una sustancia similar en tacto y color al cemento, de ahí el nombre de la criatura. Bajo este nuevo cuerpo, Concrete tiene una increíble fortaleza, una vista afinada, pero carece de tacto, gusto, olfato y casi de oído. Afortunadamente para el realismo de la historia, Concrete hace algo que muy pocos personajes se atreven siquiera a sugerir entre líneas: se avergüenza de la ausencia de órganos sexuales en su cuerpo (algo que bien podría hacer La Cosa, en lugar de cuestionarse donde tiene las orejas). Por si fuera poco, la riqueza de este personaje no se basa en enfrentamientos con villanos, sino en verdaderas aventuras: escala el Everest, se compromete en tareas ecológicas, ayuda a familias desprotegidas. Eso es sentido del deber. Y junto con la vista el único sentido que tiene.

Cuestión de piel

La historia de este héroe comienza a tambalear cuando sabemos que su «piel», cemento puro, no le permite sentir nada con el tacto. Tampoco tiene oído, olfato o gusto. De hecho lo describen como una criatura sin sentidos. ¿Se puede vivir sin tener sentidos? La verdad es que no. Todos nuestros sentidos desempeñan una función fundamental: son el modo en el que nos relacionamos con el entorno: el gusto y el olfato nos permiten saber si un alimento está en buen estado, el tacto si algo está muy caliente o muy frío, el oído saber si algún peligro se acerca, aunque no lo veamos y la vista, para saber dónde nos encontramos y detectar peligros potenciales o posibles fuentes de alimento. Sin estos sentidos no podríamos vivir. Pero no todos los seres vivos los poseen. De hecho, hay sentidos en la naturaleza que nosotros

ni siquiera imaginamos. Y estos son los que podría tener Concrete y que le permitirían sobrevivir en un mundo plagado de enemigos. Uno de estos es la electropercepción. Este sentido permite percibir impulsos eléctricos. Muchos animales marinos poseen este sentido y esto se puede deber a que el agua salada es un mejor conductor de la electricidad que el aire (ocurre algo similar a lo que hemos visto con el sonido cuando hablamos de Aquaman). Este sentido funciona del siguiente modo: los músculos de todos los animales, al moverse, lo hacen gracias a pequeñas (muy pequeñas) descargas eléctricas. De acuerdo con una investigación realizada por científicos del Laboratorio de Psicología Comparativa de la Universidad de Utrecht (Holanda), los tiburones y las rayas son capaces de sentir corrientes tan pequeñas como 0.1 microvoltios por centímetro cuadrado. ¿Cuán sensible es esto? Muchísimo. Cuando nuestras neuronas se conectan emiten pequeñas corrientes eléctricas (esto se conoce como potencial de acción), estas fueron medidas y están cerca de los 75 microvoltios... Los tiburones, literalmente, pueden sentir nuestros pensamientos. Esto lo hacen gracias a unos órganos llamados ampollas de Lorenzini. Estos pequeños poros están llenos de una sustancia gelatinosa que actúa como conductor de electricidad y cubren la cabeza de tiburones y rayas. Gracias a ellos, algunos animales perciben los movimientos más pequeños de cualquier posible presa o cualquier variación en su zona de influencia. No por nada la mejor recomendación frente a un tiburón es quedarse completamente quieto... Aunque puede que eso no sea suficiente.

Me siento atraído

Otro sentido que podría tener Concrete es la magnetorrecepción. Esta habilidad es propia de bacterias, insectos, cetáceos, aves y también de seres humanos (aunque esté muy dormida). La magnetorrecepción es, básicamente, la percepción del campo magnético terrestre. Vayamos por partes para comprender cómo funciona. La Tierra cuenta con un campo magnético generado por el núcleo del planeta: el metal líquido que gira a altas velocidades está compuesto por partículas cargadas eléctricamente y al moverse producen un campo magnético.

Aunque aún no se comprende perfectamente la magnetorrecepción, una de las posibles explicaciones, de acuerdo con Wolfgang Wiltschko y Roswitha Wiltschko de la Universidad de Frankfurt, es que algunas aves tienen magnetita en una región del cerebro y que esta se alinea con el campo magnético terrestre. Este alineamiento es lo que les permite orientarse en las largas migraciones.

La segunda explicación es un poco... digamos más increíble aún. Es obra del biofísico Klaus Schulten de la Universidad de Illinois y conecta el mundo subatómico con el vuelo de las aves. De acuerdo con Schulten existe una reacción bioquímica en los ojos de las aves. Estos, los ojos, contienen una proteína receptora de luz, la criptocromo, que genera un cambio molecular que permite que el ave sienta el campo magnético terrestre. Muy básicamente, lo que ocurre es que la luz que estimula esta proteína altera la configuración de las partículas cargadas (electrones) en los ojos del ave y si hay alguna variación en el campo magnético, la carga de las partículas cambiará y le enviará un mensaje al ave. Por más extraño que parezca este mecanismo, se han encontrado pruebas moleculares que lo confirman: por ejemplo, la luz azul genera una respuesta acorde con los cambios magnéticos en la proteína criptocromo.

La magnetorrecepción es muy común en aves, tiburones, manta rayas, pero también se encuentra en especies menos exóticas. Un estudio realizado por Hynek Burda, director del departamento de Zoología de la Universidad de Duisburgo (Alemania) demostró, gracias a Google Earth, que las vacas y los ciervos se alienan con los campos magnéticos terrestres y que las líneas de alta tensión afectan esta orientación.

¿Tenemos los humanos sistemas similares a la magnetorrecepción o la electropercepción? Diferentes estudios indican que sí, pero que en nuestro cuerpo están «dormidos» ya que no los necesitamos para nuestra vida diaria.

2.4. LOBEZNO

Va de tipo duro

Este personaje lleva la tragedia escrita en sus huesos. Literalmente. James Howlet, su verdadero nombre, nace en una colonia minera del norte de Canadá. Allí se convierte en hombre hasta que cansado del encierro abandona la colonia, adopta el nombre de Logan y se va a vivir al medio de la nada junto a los lobos. Así pasan algunos años y entonces regresa no a la civilización, pero sí a un paso intermedio: comienza a convivir con los indios Blackfoot. Pero cuando estalla la Primera Guerra Mundial, es llamado a filas y se le envía a algún lugar en el sudeste de Asia y luego a Japón. Allí comienza la tragedia. Logan se enamora de una mujer llamada Itsu, se casan y muy pronto ella queda embarazada. Pero mientras Logan no se encuentra en su hogar, Itsu resulta asesinada y su hijo es arrancado del vientre y dejado a su suerte en el suelo. Daken, el niño, sobrevive y es adoptado por una pareja de ancianos que desconocen el origen del niño, así como que ha heredado los poderes mutantes de su padre. A lo largo de la historia, Daken traicionará numerosas veces a su padre porque le culpa de la muerte de Itsu. Pero Logan, muy pronto Lobezno, sufrirá en silencio estas y otras desgracias. A lo largo de su vida, Logan es reclutado por programas secretos de armamento que le extirparán toda memoria del pasado, convertirán sus huesos en metal, luego le quitarán el metal y lo abandonarán para que se convierta en una bestia que apenas tiene algo de hombre. Finalmente, luego de dos operaciones fallidas para volver a convertir su esqueleto en una armadura de adamantio, la tercera intervención tiene éxito y Logan-Lobezno recupera gran parte de su identidad. Pero no pierde la mala uva.

Duro como rizo de estatua

Lamentablemente un material con las características del adamantio (dureza extrema y biocompatibilidad) no existe. Pero hay otros que pretenden imitarle y eventualmente podrían llegar a superarle si la ciencia sigue avanzando al mismo paso. Las características de un material como el adamantio están basadas en su química, básicamente en sus enlaces covalentes. Este tipo de enlaces químicos se dan cuando un átomo comparte dos o más electrones con otros. De modo muy simple son como columnas: si construimos un techo y lo sostenemos con dos columnas, se asentará de modo firme, pero si construimos cuatro columnas será más firme aún y si levantamos seis todavía más y así sucesivamente. Por lo tanto, cuantos más electrones comparta un átomo, más duro será un material. El más duro en este aspecto es el diamante. Este mineral se forma a temperaturas que sobrepasan los 1.000 ºC y a profundidades que llegan a los 100 kilómetros bajo la corteza terrestre.

Pero los científicos buscan algo más. Y lo han encontrado. Para crear materiales más duros, los investigadores recurren a dos técnicas. Una es generar enlaces covalentes más fuertes. Y esta es la aproximación de los investigadores de la Universidad de California Los Ángeles, liderados por el director del Departamento de Química Inorgánica Richard Kaner. El equipo de Kaner introdujo átomos de boro entre otros de renio para formar enlaces más fuertes. Pese a que el material resultante, diboruro de renio, apenas si sobrepasa la mitad dureza del diamante, hay ciertas zonas de su estructura que son capaces de rayarlo y, por si fuera poco, fue sintetizado bajo condiciones de presión normales, lo que lo hace muy económico (al contrario del diamante).

Un volcán en el laboratorio

La segunda aproximación se basa en recrear las condiciones en las que se forman los diamantes en la naturaleza: altas presiones y elevadas temperaturas. Y esto es lo que ha hecho un equipo de físicos alemanes de la Universidad de Bayreuth con el ADNR (Nanobarras de diamante agregado, por sus siglas en inglés). Este material, un 0.3% más denso que el diamante, se consiguió sometiendo un tipo de carbono (llamado fulereno) cuya densidad es muy elevada a altas presiones y a una temperatura superior a los 2.000 ºC. Los experimentos llevados a cabo con ADNR han demostrado que no solo es más denso que el diamante, sino que es un 11% menos compresible. Puede que en un futuro, los científicos unan estas dos aproximaciones para crear materiales más duros aún, pero necesitaremos más tiempo para que estos sean biocompatibles: los fulerenos, de acuerdo con una demostración realizada por la bióloga Eva Oberdörster de la Universidad Metodista del Sur, han probado producir daños celulares en los organismos. Por lo tanto, Lobezno deberá esperar un poco más aún para ver el adamantio como una realidad.

2.5. Arcángel

Venemos que vuelan

Si Tony Starck, alias Iron-Man, tuviera alas sería Arcángel. Warren Worthington III nació en el seno de una familia billonaria en Nueva York y en plena era de mutantes. En su adolescencia, unas alas de plumas le comenzaron a crecer en la espalda, lo que llevó a Warren a pensar que era un espectáculo circense. Pero muy pronto se dio cuenta que con ellas podía volar y la maldición se transformó definitivamente en una bendición cuando salvó a sus compañeros de clase de un incendio disfrazado como un ángel (el vestuario lo obtuvo de la clase de teatro). Desde ese momento se hizo llamar el Ángel Vengador y fue reclutado en la Escuela de Jóvenes Mutantes del profesor Charles Xavier. Pero la personalidad de Warren, un playboy empedernido a quien se le hacía muy difícil aceptar órdenes, chocaba constantemente con los X-Men, en particular con Cíclope, debido a que Warren estaba profundamente enamorado de la novia de este, Jean Grey.

Toda su vida cambió cuando, en una misión contra el malvado Sauron, es atacado por sorpresa y casi muere si no fuera por la intervención de Magneto (que tan malo no es, y si no leed su capítulo) que le cura, le da un nuevo disfraz… y le implanta un dispositivo que lo coloca bajo su voluntad (bueno, puede que Magneto tampoco sea bueno del todo). En varias ocasiones Arcángel oscilaría entre su buena voluntad y el dominio que sobre él ejerce Magneto, al menos hasta que la supuesta muerte de Jean Grey y Cíclope lo devuelve definitivamente (tan definitiva como puede ser la decisión de un playboy) al seno de los X-Men.

En una de sus numerosas batallas Warren cae bajos las garras de Callisto, la hipnotizante reina de los Morlock quien lo fuerza a convertirse en su amante. Pese a que sus amigos mutantes corren en su ayuda, las alas de Arcángel quedan seriamente mutiladas, se gangrenan y sin su consentimiento, se las amputan. Desolado por la pérdida, Warren se fuga en su avión privado que, a la vista de sus amigos, estalla en el aire. Todo había sido planeado por la archienemiga del héroe alado, Cameron Hodges, pero lo que esta no sabía era que segundos antes de la explosión, el mutante Apocalipsis le había propuesto un trato a Arcángel: servir como su heraldo de la muerte a cambio de recuperar sus alas, bueno, a cambio de tener unas alas 2.0: hechas de metal orgánico y con plumas que podían ser lanzadas como proyectiles y tenían neurotoxinas en su interior. Warren acepta el trato y regresa a la Tierra pero se niega a reunirse a los X-Men. Desde entonces ya no sería más el caprichoso pero encantador playboy, sino una persona egoísta que vivía para satisfacer la sed de sangre que constantemente le pedían sus nuevas alas. Luego de una serie de violentos encuentros con sus antiguos amigos mutantes, hace su reaparición estelar Jean Grey, quien le asegura que sus nuevos apéndices tienen mente propia y le están consumiendo. Es en ese momento cuando la lucha entre ambas conciencias, la de Warren y la de Apocalipsis, comienza y

finalmente gana el primero (como tiene que ser, desde luego) lo que hace que las alas se rompan y revelen la verdad: bajo ellas estaban creciendo unas nuevas de pluma, como las que originalmente tenía.

Sorpresas con alas

Es una pena, pero la verdad es que no estamos hechos para volar. No solo porque difícilmente nos crezcan alas, sino, principalmente porque nuestros huesos son demasiado pesados para que podamos levantar vuelo, mientras que los de las aves, al ser huecos, son mucho más livianos. Pero este superhéroe mutante tiene otro poder interesante: sus plumas son neurotóxicas. Las neurotoxinas son sustancias que impiden que las neuronas realicen su tarea. De hecho, por más curioso que parezca nuestro propio cuerpo, las genera, por ejemplo, cuando responde a una amenaza al sistema inmunológico. Las neurotoxinas pueden ser de origen animal (serpientes venenosas), vegetal (el Castaño de Indias, *Aesculus hippocastanum*) o de origen inorgánico (como ciertas drogas, entre ellas la ketamina). Cada una afecta de un modo distinto a las neuronas: impidiendo que se comuniquen entre sí, provocando su muerte o causando la liberación anormal de algún neurotransmisor. Ahora… ¿pueden las plumas tener neurotoxinas? O mejor dicho… ¿Hay algún ave venenosa? Pues sí. Y más de una. Por ahora, todas fueron descubiertas en Papúa Nueva Guinea, una nación que tiene una de las mayores biodiversidades del planeta… y la mayor cantidad de idiomas por país: 820. Allí se encuentra el pitohui (*Pitohui dichrous*) también conocido por los lugareños como pájaro basura. Estas aves poseen un neurotóxico denominado como homobatracotoxina, y su concentración se encuentra principalmente en las plumas. Y estaría allí debido a que con ellas frotarían los huevos para disuadir a los depredadores de alimentarse de ellos. Aparentemente, el pitohui obtiene el veneno de su dieta. Los escarabajos que come (y que también sirven de alimento para los sapos venenosos de Sudamérica) le «donarían» las neurotoxinas. La segunda especie de ave venenosa descubierta es la *Ifrita Kowaldi*. Este pájaro mide unos 16 centímetros y sus plumas van del amarillo al marrón, excepto en la cabeza que son azules. El ifrita cuenta entre sus plumas una batraciotoxina muy similar a la que contienen ciertas ranas de Sudamérica y que son usadas por los indios para producir curare, un veneno con el que impregnan la punta de las flechas y produce la parálisis en sus presas.

VILLANOS

2.6. BASTIÓN

La unión hace la fuerza

Su origen es algo confuso (igual que el Universo es «algo» grande), pero intentaremos hacerlo simple: mientras se hacía pasar por un ser humano, uno de los centinelas del Universo llamado Nimrod proveniente de un futuro alternativo, desentierra un módulo propiedad de otro centinela, Master Mold. En el momento en que Nimrod toca el módulo, la programación de Master Mold comienza a invadir la mente de Nimrod. Poco tiempo después y por alguna razón que no viene al caso (recordad que lo intentamos hacer simple) ambos se enfrentan a los X-Men y estos los envían directo al Siege de Perilus, un cristal mágico capaz de juzgar a todo aquel que lo atraviese y reencarnarlo en una vida comparable a la que llevaban antes. La trama se complica cuando el cristal los fusiona en un hombre de carne y hueso sin memoria de su pasado. Desde ese momento se convierte en un enemigo de los X-Men… Por alguna razón desconocida.

Dos son compañía, tres mil son multitud

La unión de dos organismos, en este caso Nimrod y Master Mold, no es para conseguir un beneficio mutuo, pero engendra a Bastión y lo convierte en un superorganismo, que no tiene nada que ver con un organismo superior en habilidades, pero que sí existe en la naturaleza. Y mucho más cerca de lo que piensas.

Todo comenzó a principios del siglo XIX cuando a dos entomólogos, William Wheeler y Alfred Emerson, se les ocurrió comparar el comportamiento social de algunos insectos con el de las células de un órgano o del cuerpo humano. Las reinas, por ejemplo, actuaban como los órganos reproductores (cómo sucede por ejemplo en las abejas). Aunque nunca mencionaron el término «superorganismo» la expresión se hizo popular y arraigó en diferentes ámbitos científicos. Lo interesante de la teoría es que pese a que a primera vista era contraria a la noción de evolución (¿un ser que transmita genes que pongan por delante al grupo antes que a él mismo?), luego probó ser cierta ya que los individuos existían en sociedades basadas en las interacciones entre ellos. Por eso era tan importante preservar a los individuos que tenían, por decirlo de algún modo, un gen altruista.

Sociedad de responsabilidad compartida

Pongamos un ejemplo. Las hormigas cortadoras (del género *Atta*) construyen nidos bajo tierra que llegan a tener hasta 8 metros de profundidad y una superficie que va desde los 30 hasta los varios cientos de metros cuadrados. Obviamente una hormiga sola sería incapaz de conseguir esto, por ello se agrupan en «sociedades» que pueden llegar a tener varios millones de miembros los cuales siguen reglas de comunicación muy complicadas. Algo similar a los que ocurre en el cerebro humano.

Todas ellas parecen actuar, siempre, en grupo. Pero algo diferente ocurre cuando se encuentran con una colonia rival. En este caso, se enfrentan una contra otra e invariablemente, han resaltado los expertos, el grupo que triunfa es aquel que mejor comunicación tiene entre sus miembros. Si este mejor sistema de comunicación tiene una base genética, el gen se transmitirá más rápido en las futuras generaciones de las hormigas vencedoras que en las vencidas. Al igual que ocurre en el cerebro humano con las conexiones neuronales, la colonia (o el cerebro) más inteligente es aquel con mejor comunicación entre sus miembros.

Tan similares resultan ser los superorganismos a nosotros, que en un estudio realizado por la Universidad de Oklahoma y la Escuela de Medicina Albert Einstein, se utilizaron modelos matemáticos para predecir la esperanza de vida, el crecimiento y la tasa de reproducción en este tipo de colonias. Para ello analizaron las costumbres de 168 insectos sociales (termitas, hormigas, abejas y avispas) y descubrieron que cuando se comparaban todas las variables antes mencionadas, con organismos individuales, las cifras eran prácticamente idénticas. Esto no es extraño si hacemos caso a lo que James Gillooly, doctor en Biología de la Universidad de Florida señala: «Dos de las mayores innovaciones de la evolución, en la vida, han sido cuando las células comenzaron a trabajar juntas para formar un organismo y cuando los individuos decidieron trabajar juntos para formar una sociedad».

La furia roja

Pero vamos a por más ejemplos. Sumerjámonos en el mar. El fitoplancton está compuesto por millones de organismos que se comunican entre sí enviando señales que les permiten sobrevivir como un gran «cuerpo». Se sabe que se envían mensajes referentes a la cantidad de luz, los posibles depredadores, etc. Y esto les permite crecer y responder mejor a nuevas condiciones en el ambiente. Así se forman, por ejemplo, las mareas rojas que tienen importantes consecuencias en la vida marina y en la economía. Actualmente la ciencia está estudiando cómo interrumpir esta comunicación como remedio para la formación de mareas rojas. Pero la investigación también se extiende al campo de la medicina ya que los expertos han visto que la virulencia de ciertos patógenos se transmite de formas similares. De modo que, nuevamente, evitando esta comunicación, asegura Kay Bidle de la Universidad de Rutgers, «se pueden combatir de modo más eficiente las infecciones». La clave es aislar los químicos que producen para enviar estas señales y utilizarlos en su contra. En cierto sentido es como un pre-antibiótico ya que funciona antes que la bacteria reciba la señal para infectar al organismo. Y, lo más importante, evitaría que ciertas enfermedades se vuelvan resistentes a determinados tipos de drogas.

Pero no solo los insectos actúan como superorganismos. También hay mamíferos que forman grupos en los cuales cada uno de sus miembros tiene una tarea determinada. El más notorio es la rata topo o rata lampiña. Este roedor habita el cuerno de África y su estructura social es sumamente extraña. Las colonias están formadas por hasta 300 individuos. La mayoría de ellos son estériles y solo algunos machos y una hembra se dedican a la reproducción. El resto trabaja cavando los túneles que habitan (de ahí su nombre, rata topo), defendiendo la colonia de depredadores o trayendo comida. Cuando la reina muere, varias hembras se disputan a muerte el derecho a sucederla en la digna tarea. Los científicos han descubierto que la causa de la esterilidad podría estar en las feromonas que se encuentran en la orina de la reina (y en la que todos los individuos se revuelcan, para confirmarse, por el olor, como miembros de la comunidad), por ello cuando la monarca muere, el efecto desaparece y otras hembras pueden ganar la fertilidad. Por si esto fuera poco, al ascender al trono, el cuerpo de la reina se transforma: a partir del primer o segundo embarazo sus vertebras se alargan y llega a tener un tamaño un tercio más grande que las otras féminas.

2.7. Carnage
(Masacre o Matanza)

Una mano lava la otra

Sin lugar a dudas el más vil de todos los villanos. Si no fuera por permitirnos explorar un poco en los orígenes de la biología, más valdría olvidarle. Cletus Kasidy no es ciertamente otro ejemplo de una víctima de las circunstancias: asesinó a su abuela cuando aún era un niño. También llevó al otro mundo al perro de su madre quien, en venganza por lo sucedido casi mata a su propio hijo. Solo le salvó la presencia de su padre que vapuleó de tal modo a su mujer que estuvo a punto de matarle también. Cuando su padre es llevado a juicio, Cletus no hace nada por defenderle. Con su padre condenado y su madre que se niega a verle, Cletus es enviado a un orfanato donde es objeto de burlas y acoso constantemente. Y él responde: asesina a uno de los jefes de disciplina, mata a una chica que se niega a salir con él y quema el orfanato. (¿A que resulta más atractivo y tranquilizador cuando es un alien que viene de una dimensión desconocida?) Cletus es enviado a la cárcel donde comparte celda con Eddie Brock, el supervillano Venom. Este acaba de perder el simbionte alienígena que lo transforma en un ente malvado. Desafortunadamente (para Cletus) el simbionte regresa y se une a Brock dejando, inadvertidamente el producto de esa unión: crías. Estas entran en la corriente sanguínea de Cletus y lo transforman en Carnage. Un mutante con más fuerza que la de Spiderman y Venom juntos. Carnage tiene el poder de lanzar partes de su simbionte a sus enemigos en forma de hacha o cuchillos, se regenera rápidamente de cualquier daño y también puede trepar por cualquier superficie, al igual que su gran enemigo: el Hombre Araña. Es, en suma, una simbiosis de lo peor de todos los villanos.

¡Cuidado! Tienes un simbionte

Pero la simbiosis no tiene porqué ser algo malo. De hecho, si no fuera por ella no estaríamos aquí. La simbiosis es la colaboración de dos organismos distintos para obtener un beneficio. Nuestro cuerpo alberga

miles de bacterias que nos permiten metabolizar los alimentos, evitan ciertas enfermedades y se alimentan de nosotros. Esto es simbiosis. Este tipo de «contrato» en la naturaleza es tan extraño (no por su frecuencia, sino por su complejidad) que algunos apuntan a la simbiosis como una de las pruebas de que la evolución no podría haber hecho algo tan perfecto. Pero la realidad es que la simbiosis comenzó con relaciones de prueba. Algunas de ellas no resultaron viables, mientras que otras fueron, por sus notables beneficios, favorecidas. Y entre estas hay algunas muy extrañas.

Vamos a los océanos. Allí, bajo los sedimentos marinos, existen bacterias que se alimentan de sulfuros. Nada muy raro, ¿no es cierto? Pues científicos de la Universidad Aarhus de Dinamarca, han descubierto que estas bacterias actúan como un superorganismo, ya que se conectan unas a otras a través de una red de nanocables. Estos son filamentos de proteínas que permiten que electrones viajen de un lado al otro de la red transportando información. ¿Qué tipo de información?

Básicamente se trata de los niveles de oxígenos que les permiten metabolizar su alimento. El líder de la investigación, Lars Peter Nielsen, me cuenta que todo comenzó al intentar estudiar los sedimentos marinos cercanos. Recogieron varias muestras y las pusieron en unos contenedores especiales. Finalmente cambiaron los niveles de oxígeno en el agua y lo dejaron en un rincón. Varios días después se dieron cuenta que algo extraño sucedía: había cambios químicos en las capas más bajas del contenedor. La reacción se producía a una distancia tan grande para una bacteria (20.000 veces el tamaño de su cuerpo, lo que para nosotros serían más de 30 kilómetros) y a una velocidad tan rápida, cercana a la de la luz —me confirma el propio Nielsen—, que la única explicación era que una red eléctrica las unía. Y luego de varias pruebas probaron que así era. Aunque todavía no pueden explicarse exactamente cómo ocurre, es el propio Nielsen quien asegura que «el descubrimiento es casi mágico y va en contra de todo lo que sabíamos hasta el momento».

Una adaptación brillante

Sigamos en el mar. En las profundidades abisales habitan peces bioluminiscentes. Son criaturas de apariencia extraña y con un poder más bizarro que su anatomía: son capaces de emitir luz. La mayoría de ellas lo hacen a través de bacterias que tienen la capacidad genética de producir una luz azul y fría. Esta solo se produce cuando las bacterias alcanzan una densidad celular crítica que enciende el «interruptor». Para saber cuándo debe activar el interruptor, la bacteria cuenta con unas moléculas, llamadas AHL, que se propagan por la célula. Cuando la densidad celular llega al punto crítico, estas moléculas están tan unidas que activan la luz. Y gracias a ella, el pez logra comunicarse con otros de su especie, aparearse y encontrar comida. Para estos habitantes marinos, las bacterias son vitales y estas no podrían vivir en otro sitio. Una simbiosis perfecta.

Aunque no tanto como la de las algas platymonas y el gusano *Convulta roscoffensis*. Estos gusanos viven en las orillas del mar, son transparentes y no tienen ni boca ni tracto digestivo. Pero en su interior viven las algas que absorben los rayos del sol a través de la piel transparente de los gusanos y fotosintetizan el alimento (esto hace que los gusanos cambien a un color verde). La energía que genera la planta es suficiente para los dos organismos.

Finalmente, entre todos los ejemplos de simbiosis, el que me ha resultado más sorprendente es el de una familia de aves conocida como Indicador *(Indicatoridae)*. Como su nombre lo indica (valga la redundancia) estos pequeños alados se alimentan de la cera de los panales de abejas y de sus larvas. Desafortunadamente es muy pequeño para hacerse con una colmena entera, pero su cerebro debe ser enorme. Lo que este pájaro hace es llamar la atención de mamíferos que habiten la zona, en particular osos y aún seres humanos, hasta que logra que lo sigan. Entonces los lleva hasta el panal, los deja alimentarse de la miel y luego se sirve larvas y cera a placer. ¡Un verdadero pajarraco!

2.8. Azazel

De sangre azul

La escena transcurre en tiempos bíblicos. Una horda de demonios mutantes, conocidos como Neyafim se enfrentan contra ángeles malencarados, los Serafim. La batalla resulta desastrosa para los primeros que son enviados por los Serafim a otra dimensión. Afortunadamente para Azazel, uno de sus poderes es la teletransportación. Desde ese momento su propósito en la vida será buscar mujeres a las cuales impregnar con su esencia (léase dejar embarazadas) ya que sus hijos también estarán conectados a la dimensión en la que Azazel se encuentra cautivo. Su mayor debilidad es la sangre de los Serafim, mientras esta es capaz de curar a casi cualquier ser vivo, a los Neyafim los destruye.

Vosotros estaréis pensando que ahora os voy a hablar de sangre que cura… Pues casi. Vamos a hablar del cangrejo herradura. Pese a su apariencia de crustáceo, está más relacionado con las arañas y los escorpiones y su apariencia de fósil viviente tiene una razón: hace 540 millones de años habita el planeta.

Hierro versus cobre

Desde aquellos tiempos (y antes también), la sangre ha evolucionado como una forma de transporte de oxígeno en el organismo. Las primeras formas de vida que respiraron oxígeno lo tuvieron muy difícil debido a un sistema circulatorio muy primitivo que no era muy eficiente en el transporte de oxígeno. Pero luego las criaturas comenzaron a producir pigmentos sanguíneos: compuestos que contienen metal y permiten coger las moléculas de oxígeno y liberarlas cuando sea necesario. La sangre de la mayoría de los animales tiene el mismo pigmento: la hemoglobina, cuyas moléculas están estructuradas alrededor de un átomo de hierro y a este deben su color rojo. Pero el hierro no es el único metal que puede hacer esto. El cangrejo de herradura utiliza el cobre con el mismo propósito. El pigmento que forma entonces

se llama hemocianina y la sangre, en lugar de ser roja, tiene un tono azul. Ni la hemoglobina ni la hemocianina, se cree, han evolucionado de la otra. Las evidencias sugieren que su origen ocurrió hace mil millones de años en aquellos organismos que encontraban tóxico al oxígeno y por lo tanto su función original era neutralizarlo.

Un cangrejo en el espacio

Volvamos a la sangre que cura, la del cangrejo herradura. En ella hay unas células llamadas amebocitos, similares a nuestros leucocitos, que tienen la capacidad de reaccionar en presencia endotoxinas, toxinas presentes en ciertas bacterias. Cuando se fabrican medicamentos, algunos pueden resultar contaminados por estos tóxicos. Para saber si los medicamentos están libres de ellas, se utiliza la sangre de este cangrejo que en presencia de una endotoxina se coagula (no hay de qué preocuparse, para conseguir la sangre solo se extrae una muestra de un ejemplar vivo y luego se le regresa al mar).

A partir de esta capacidad de la sangre del cangrejo herradura, la Nasa ha creado un mini laboratorio portátil llamado LOCAD-PTS (que significa algo así como Sistema Portátil de Evaluación y Desarrollo de una Aplicación de Laboratorio en un Chip). Mientras en la Tierra la forma más fácil de diagnosticar una enfermedad es analizar una muestra de algún fluido corporal, cultivarlo y estudiar qué tipo de infección tiene. Si es vírica, y no responderá a antibióticos, o si es de origen bacteriológico y sí lo hará. A partir de ese momento se determina qué tipo de bacteria será más efectiva. Pero en una estación espacial, cultivar una muestra durante varios días, mientras el astronauta puede ir a peor o contagiar al resto de la tripulación, no es algo deseable.

El LOCAD-PTS contiene amebocitos deshidratados. Cuando se introduce un fluido, este hidrata los amebocitos que reaccionan ante la presencia de algún tóxico. Una vez detectado este, analizará la cantidad de bacterias presentes en la muestra y de qué tipo. Por ahora solo es capaz de analizar un tipo, las gram negativas, pero pronto podrá activarse ante la presencia de gram positivas, hongos y ciertos químicos. Esta tecnología ya se ha probado en la Estación Espacial Internacional y si todo sale de acuerdo a lo planeado, en breve los astronautas cuando estornuden más de una vez, podrán ir a su LOCAD-PTS, introducir un fluido y escuchar: Ibuprofeno 600 y 8 horas de sueño.

2.9. SUNFIRE

Brilla con luz propia

¿Puede un superhéroe personificar el sentimiento de culpa de una nación? Parece que sí. Al poco tiempo de nacer Shiro Yoshida, su madre muere envenenada por la radiación de la bomba de Hiroshima. El envenenamiento también afecta a Shiro, pero lo convierte en un mutante con la capacidad de absorber radiación solar, convertirla en plasma que, a su vez, se transforma en llamas cuando se pone en contacto con oxígeno. Por si fuera poco también es capaz de ionizar el aire a su alrededor y crear suficiente calor como para derretir metal. Shiro crece odiando a Estados Unidos por matar a su madre y discutiendo con su padre, un diplomático de las Naciones Unidas, tolerante con la nación que su hijo detesta. Su tío Tomo se aprovecha del odio y de los poderes mutantes del joven Shiro y lo convence para atacar la capital estadounidense. Allí, debido a sus poderes, toma el nombre de Sunfire (Sol de Fuego) y se enfrenta a los X-Men. Derrotado, regresa a su hogar solo para ver cómo su padre muere a manos de su tío Tomo. Shiro, comprende que fue un peón en los juegos de su pariente, lo mata y se entrega a la justicia. Pero evidentemente el lado oscuro lo tienta porque lucha contra Namor y contra Ironman hasta ser reclutado por el profesor Xavier para los X-Men y pasarse al lado del bien, aunque nunca se le dará bien trabajar en equipo. Aparentemente es muy volátil.

Chupitos de sol

Evidentemente un organismo puede aprovecharse de la radiación solar para convertirla en alimento, es decir energía. De hecho es lo que hacen las plantas con la fotosíntesis... pero ¿y qué hay de un ser vivo más complejo? ¿Y uno de mayor tamaño? La biomimética es la ciencia que busca en la naturaleza la inspiración para desarrollar nuevas tecnologías. La ecolocalización de los murciélagos o la habilidad de las termitas para mantener una temperatura constante en sus nidos son algunos ejemplos que inspiran a los científicos para desarrollar nuevos productos. Obviamente la energía solar es una rama que cuenta con varios proyectos en progreso.

Daniel Morse es un especialista en biotecnología de la Universidad de Santa Bárbara y su «musa» a la hora de crear celdas solares más eficientes es la esponja de mar. Fabricar paneles solares es una tarea que requiere altas temperaturas, plasmas, cámaras de vacío y que utiliza químicos nocivos. Sigue el mismo proceso que la mayoría de los semiconductores (sustancias que se pueden comportar como conductores

o como aislantes dependiendo de, entre otras cosas, la presión, la temperatura o la radiación). El silicio es el semiconductor más común.

Las esponjas, tan indolentes que parecen, son capaces de una precisión y una belleza única en la naturaleza: extraen ácido silícico del mar y lo convierten en dióxido de silicio que luego ensamblan en una estructura tridimensional sumamente precisa y que, por algún motivo es reproducida exactamente igual por todos los miembros de su especie. Morse ha descubierto una enzima en las esponjas que actúa como catalizador, variando la velocidad de una reacción química y permitiendo que esta se produzca a una temperatura nada habitual en la creación de semiconductores: 16 °C.

Para mayor asombro de Morse, estas estructuras mejoran notablemente el desempeño de células fotovoltaicas. Esto lo consiguen a temperatura ambiente y en unas condiciones de presión normales. ¿Más ventajas? El material con el que las esponjas hacen su esqueleto es uno de los más abundantes del planeta: el dióxido de silicio es el componente más común de la arena.

Pero hay algunos inconvenientes, pese a que el dióxido de silicio es abundante, el silicio puro es muy difícil de conseguir y se precisa mucho dinero y energía para ello. Por este motivo hay quienes evitan utilizar silicio en las celdas solares y recurren a otros materiales no tan caros, como el CIGS (acrónimo de cobre, indio, galio y selenio) y con un índice de eficiencia cercano. Pero con la tecnología de Morse se podrían crear finas láminas que sigan siendo económicas como el CIGS, pero que estén basadas en un material natural y que sean más eficientes debido a su estructura. Morse ya ha realizado unos 30 prototipos de celdas solares construidas siguiendo el modelo de la esponja marina. Y espera que en pocos años esté en el mercado.

Con la mosca en la ciencia

Otra musa de la energía solar es... la mosca. Estos insectos tienen ojos compuestos por miles de facetas que captan de modo extraordinariamente eficiente la luz. Pero un grupo de científicos, entre los que se encuentra Raúl José Martín Palma, profesor de Física de la Universidad Autónoma de Madrid, han descubierto que la estructura del ojo de la mosca, en particular de los califóridos (también conocidos como moscardones) constituyen un modelo perfecto para realizar celdas solares porque recogen más luz de un área mayor que las estructuras planas.

Puede que Sunfire utilice la energía solar para luchar contra sus enemigos. Pero la ciencia actual ha encontrado algunas de las formas más eficientes de la naturaleza para convertir el Sol en un aliado. Seguramente inspirándose en algunos seres vivos. Por ejemplo una especie de salamandra, la *Ambistoma maculatum*. Las hembras de estos reptiles almacenan en sus trompas de Falopio células de algas y, Ryan Kenney, biólogo de la Universidad Dalhouse de Hallifax, en Canadá, ha descubierto que de algún modo las salamandras pasan estas células a los embriones. Así las algas crecen entre las células de las futuras crías y, aparentemente, les proveen de comida y oxígeno, a través de la fotosíntesis.

El problema de que un organismo complejo sea fotosintético es cómo lidiar con la radiación solar excesiva. Puede que a ello se deba que la mayoría de los animales que obtienen su energía a través de la fotosíntesis sean marinos. Pero la ingeniería genética está trabajando en ello. Christina Agapakis, de la Escuela de Medicina de Harvard, ha realizado un experimento único: ha inyectado bacterias fotosintéticas en los huevos de peces cebra. Y tantos las bacterias como los peces lograron sobrevivir en comunión. Todavía no se sabe cuánta energía obtienen estos peces modificados genéticamente de la luz solar, si es que obtienen alguna, pero es el primer paso para crear un animal complejo que se alimente exclusivamente del sol.

2.10. OMEGA ROJO

El perfume de la muerte

Es la némesis de Lobezno. Este mutante ruso (no por nada figura Rojo en su nombre) nació bajo el nombre de Arkay Rossovich y rápidamente fue reclutado por el programa soviético contraparte de los X-Men. Su cuerpo está formado por un metal conocido como carbonadium y se le han implantado tentáculos que utiliza para absorber la vida de sus enemigos. Su actitud psicópata y violenta fue tan desmesurada que los propios soviéticos lo colocaron en animación suspendida, aunque de cuando en cuando lo resucitaban para alguna misión especial. Murió al amenazar a Lobezno con matar a su hijo. Pese a su inestabilidad emocional notoria, su mayor poder no era precisamente la violencia física. Su «fuerza» residía en una extraordinaria capacidad para emitir feromonas que resultaban fatales para quienes se encontraran cerca y por ello eran conocidas como esporas de la muerte.

Las feromonas son compuestos químicos volátiles segregados por algunos animales. Son señales entre individuos que influyen en la conducta de un modo similar al de las hormonas, solo que están destinadas a cambiar la respuesta de otros individuos de su misma especie. El término proviene de las palabras griegas *pheran* (transferir) y *horman* (excitar). Los animales las producen gracias a ciertas glándulas específicas y las liberan a través de la saliva, la orina o la transpiración. La mayoría de ellas son compuestos de bioingeniería que unen dos o más químicos que deben tener la proporción exacta para ser biológicamente activos, es decir, para ejercer una función. La precisión está unida directamente a la eficiencia. La polilla de la seda macho, por ejemplo, es capaz de detectar a más de un kilómetro, las feromonas de una hembra.

Pero no solo sirven un propósito sexual. Las hormigas encargadas de buscar comida dejan un rastro de feromonas para alertar a sus compañeras de la ruta que han seguido hacia el alimento.

La importancia de estos compuestos en la economía es enorme. En agricultura, por ejemplo, se utilizan como pesticida para atraer a determinados insectos a las trampas y así evitar que dañen las cosechas.

Tu olor te delata

Las feromonas no pueden matarnos, para desgracia de Omega Rojo, pero sí pueden alterar nuestra conducta. En los años setenta, se descubrió una secreción, llamada copulina, en el cuerpo de las mujeres que se creía estimulaba la respuesta sexual del hombre. Pero hay más. Marthan McClintock, doctora en psicología de la Universidad de Chicago, demostró que el ciclo menstrual de dos mujeres que viven juntas se sincroniza debido en gran parte a las secreciones de la axila. Si el olor se tomaba antes de la ovulación, el ciclo menstrual de otras mujeres se acortaba y, por el contrario, si se tomaba justo después, el ciclo se prolongaba.

Otro estudio que podría demostrar la acción de feromonas en el ser humano es el que ha realizado Geoffrey Miller, psicólogo de la Universidad de Nuevo México, quien efectuó un seguimiento de las propinas que obtenían las bailarinas de un burdel y, de acuerdo con sus resultados, estas obtenían casi el doble cuando estaban ovulando, es decir en su momento de mayor fertilidad, que en cualquier otra etapa de su ciclo.

El responsable de detectar las feromonas en los animales es el órgano vomeronasal que se encuentra en la parte superior de la nariz. Allí se encuentran una serie de células, similares a neuronas, que transmiten señales estimulantes al hipotálamo que responde segregando hormonas que podrían influir en nuestra conducta. De hecho, una de las hormonas que produce esta glándula es la oxitocina, relacionada en los hombres con los genitales.

En el ser humano, las feromonas no te matarán, pero si se comprueba definitivamente que tienen un efecto y sirven un propósito, sí pueden alterar nuestra conducta.

2.11. SEBASTIAN SHAW

Alias El Transformador

El esnob de los villanos. Sebastian Hiram Shaw es un mutante con una inteligencia extraordinaria. Apenas terminados sus estudios de ingeniería creó Industrias Shaw, diseñando tecnologías que lo convirtieron en millonario a los 30 años y multimillonario una década más tarde. Viste ropa que parece diseñada por un Calvin Klein pirata y es miembro del exclusivo Club Hellfire, que cuenta entre sus miembros a Howard Stark, padre de Ironman y Warren Worthington, progenitor de Arcángel entre otros millonarios del universo Marvel. Pese a su inteligencia y su estrambótico vestuario, sus planes no son nada originales: la dominación del mundo y la muerte de los X-Men. Objetivos que nunca alcanza. Su maldad le lleva a ser objeto de un intento de asesinato por parte de su hijo. ¿Cuál es el poder de Shaw? Aparte de su inteligencia, la capacidad de transformar la energía cinética en fuerza bruta. Y sí, es más interesante de lo que parece. Y digo que es más interesante porque dejaremos un poco de lado la ciencia para contar una pequeña historia que podríamos llamar...

La importancia de llamarse hidrógeno

Cuenta la leyenda que en el segundo instante del Universo, cuando apenas se escuchaban los ecos del Big Bang, una partícula de hidrógeno[1] salió despedida a velocidades increíbles. Pronto el viaje se le hizo largo y solitario, al menos hasta que comenzó a ver a hermanas suyas que se reunían en una nube inmensa. Las ganas de compañía (junto con la atracción física causada por la gravedad y alguna explosión estelar) las unió cada vez más hasta que luego de mucho tiempo,

---

1. El hidrógeno es el elemento más liviano de la naturaleza y también el más abundante: forma el 75% de la materia visible. De hecho es el principal componente de las estrellas.

la partícula de hidrógeno, que a partir de ahora llamaremos H, formó con sus hermanas y algunas primas perdidas, una estrella. La energía cinética se transformó en energía termal. La partícula de hidrógeno, perdón, H, pronto se aburrió de la indolencia de sus hermanas que se contentaban con hacer fusiones y fisiones en la estrella y decidió emprender un viaje al planeta más cercano. Al llegar a la Tierra, un organismo vivo, algo totalmente nuevo para H, le dio la bienvenida. Se trataba de una planta y la absorbió por completo transformando la energía térmica en química. H pudo aprender de este nuevo organismo y vio de qué modo lograba comunicarse con otras plantas: utilizando la energía que había absorbido de la estrella para enviar señales eléctricas a sus colegas. Pero un día, la planta, que había crecido y se había convertido en un árbol, fue derribada y transformada en leña. Así fue como H regresó a la energía térmica, pero con la buena fortuna de que no fue utilizada para caldear una habitación, sino para mover una máquina de vapor, un tren, lo que le permitió a H seguir viajando y probando nuevas fuentes de energía. Se transformó en lluvia que alimentó embalses y por un momento fue energía potencial, «almacenada» en el agua hasta que cayó sobre unas turbinas y el movimiento se transformó en energía eléctrica. Esta, a su vez, alimentó una bombilla de un lejano invernadero, permitiendo que una planta creciera y sea servida en tu mesa para proporcionarte la suficiente energía química como para que puedas convertirla en, nuevamente, energía cinética, y te sientas, de algún modo, unido al origen del Universo.

2.12. JUGGERNAUT

Una máquina imparable

Cain Marko se encontraba en Corea, junto a su hermanastro Charles Xavier, desempeñándose como soldado, cuando descubrió una cueva secreta dedicada a la mística entidad Cyttorak (mística en el universo Marvel, claro). Al entrar, Marko toca un rubí mágico que revela un mensaje: Quien toque esta piedra, recibirá los poderes de Cyttorak y se convertirá para siempre en una fuerza destructiva (eso es lo que significa en inglés Juggernaut). La conversión de Marko genera un cataclismo en el interior de la cueva y sepulta al soldado, quien es dado por muerto… Pero eso, obviamente, no entra en los planes de los guionistas y Marko, ahora convertido en una fuerza imparable y vestido con un traje de gran dureza y con un casco que parece hecho de cemento, se dirige a los cuarteles de los X-Men (no, no va camino a la bóveda de un banco, ni

tampoco se enfrenta a los soldados enemigos con su nuevo superpoder). Tras una violenta lucha en la que Juggernaut derriba sucesivamente a todos los mutantes, estos logran derrotarlo gracias a la ayuda de los 4 Fantásticos: le quitan el casco y Xavier puede controlar su mente. Entre los poderes otorgados por Cyttorak, Juggernaut es capaz de sobrevivir sin comida, agua u oxígeno y, una vez en movimiento, es imparable. El hecho de que no necesite energía y que resulte imposible de detener una vez en movimiento, lo etiqueta como una máquina de movimiento perpetuo.

Para comprender un poco porqué, con la física actual no pueden existir este tipo de máquinas, es necesario tener claras algunas nociones de física. Para ello, los manuales resultan engorrosos y muy arduos de comprender. Por este motivo vamos a ver lo que dice el físico teórico Micho Kaku, autor de *Física de lo imposible*, sobre las leyes de la termodinámica: «Si comparamos el Universo a un juego en el cual el objetivo es extraer energía, las tres leyes pueden parafrasearse del siguiente modo:

1) No se puede obtener algo por nada.
2) Ni siquiera se puede mantener.
3) Ni siquiera se puede salir del juego».

La Movida

Básicamente, la primera ley dice que no podemos crear energía de la nada. La segunda postula que una parte de la energía siempre se pierde, por ejemplo, en forma de calor. Y la tercera señala que no se puede vivir sin energía. Desafortunadamente, hasta ahora, no se conoce ninguna máquina que no viole alguno de estos principios. Y eso que desde el siglo VIII el ser humano la ha señalado como uno de sus mayores objetos de deseo. Hace ya 1.400 años surgió en Baviera, Alemania, el primer intento de crear una máquina de movimiento perpetuo. Era sumamente ingeniosa, ya por entonces. Se trataba de una especie de noria, pero que en lugar de asientos tenía pequeños imanes. La base de la noria era un imán de mayor tamaño: así, cada vez que un imán se acercaba a la base, primero era atraído y luego repelido, contribuyendo de este modo al ciclo eterno de girar y girar. Si bien es verdad que esta máquina podría girar eternamente, la realidad es que de esta rueda no puede extraerse ningún tipo de energía útil y, con el tiempo girará más y más despacio hasta que se detendrá.

Pero puede que haya una salida, una puerta trasera, a estas leyes. Nikola Tesla fue uno de los inventores y científicos más importantes de la humanidad. Entre sus muchas metas consideradas disparatadas, y que luego algunas probaron ser ciertas,[1] existe una que nos interesa particularmente: Tesla creía que sí se podía extraer energía de la nada, más precisamente del vacío. Hoy, los científicos, en particular los astrofísicos, disponen de información a la que Tesla jamás tuvo acceso. Datos obtenidos de mediciones satelitales y de la observación de un tipo de supernovas llamadas 1.ª, señalan que el Universo se está expandiendo. La razón por ahora más aceptada de este fenómeno es que existe una energía oscura, como una gravedad inversa, que impulsa a los cuerpos a alejarse unos de otros. Mediciones del satélite WMAP aseguran que el 75% del Universo está formado por este tipo de energía. Pero nadie sabe ni cómo llegar a ella ni cuánta es en verdad. Por lo tanto, hasta que esto se resuelva (o Tesla resucite), Juggernaut tiene un suspenso.

---

1. Entre los más extraños se encuentra un submarino eléctrico, robots humanoides, el rayo de la muerte y la terapia de super-electricidad (variar la corriente eléctrica de nuestras células).

2.13. Magneto

Un imán para los problemas

Aunque pueda parecer extraño, Stan Lee, el creador de Magneto no lo concibió originalmente como un villano: «Él solo pretende devolverle el golpe a racistas que atacaban a los mutantes. La sociedad no los trataba de modo justo y buscó darles una lección. Claro que era peligroso, pero nunca pensé en él como un villano», aseguró en una entrevista. Pero sí que pensó en él, pues su biografía está ricamente detallada. Max Eisenhardt (el verdadero nombre del personaje), nació en los años veinte, en una familia judeo-alemana de clase media. Debido a la discriminación nazi, la familia huye a Polonia. Allí, sus padres y su hermana son ejecutados y Max es capturado y enviado a Auschwitz. En este campo de concentración se reúne con Magda, una joven gitana, antiguo amor de juventud y comienzan una relación que logra afianzarse cuando se escapan del campo y se fugan a una ciudad ucraniana: Vinnitsa. Con el paso del tiempo, Max adopta el nombre de Magnus y logra empezar una nueva vida de la mano de su mujer y su hija Anya. Desafortunadamente, una noche una turba quema la casa de la familia con Anya en el interior. Magnus da rienda suelta a toda su ira y su poder se manifiesta por primera vez: todos los habitantes de la ciudad mueren y esta queda reducida a cenizas. Magda huye aterrorizada mientras Magnus, con una nueva identidad falsa se dirige a Israel donde conoce a Charles Xavier. Así comienza la historia conocida de Magneto, el hombre capaz de controlar los campos magnéticos y el más poderoso de todos los personajes del cómic.

O al menos lo hubiera sido si hubiera leído un poco más sobre geomagnetismo.

¿Y si Magneto le pone freno?

El núcleo de nuestro planeta está dividido en dos, el núcleo externo, de hierro líquido y el interno de hierro sólido. Ambos rotan a altas velocidades y la interacción entre ambas capas crea una fricción que los

científicos llaman dinamo hidromagnético y así es cómo se genera el campo magnético terrestre. Periódicamente este campo varía su polaridad. Esto se sabe por rocas antiguas, que contienen partículas imantadas con polaridades distintas a las actuales. En los últimos 15 millones de años se han producido 4 cambios en la polaridad terrestre cada millón de años. El último de ellos ocurrió hace 790.000 años. Por lo tanto, según los cálculos, en cualquier momento se podría esperar un nuevo cambio. Pero los científicos no saben ni cuándo ni cómo ocurrirá. Brad Clement, experto en geología de la Universidad de Florida, asegura que los cambios duran unos 7.000 años. Pero no se sabe si el campo se reduce a la nada y luego, a lo largo de siglos, se reinstala o si solo disminuye un poco y cambia súbitamente la polaridad. El hecho es que el campo magnético se extiende a la atmósfera terrestre y es la primera línea de defensa contra las tormentas solares (ver Silver Surfer). Y sin su protección estaríamos fritos. Literalmente. Por eso es que no es ilógico asegurar que Magneto es el personaje más poderoso del universo del cómic: si puede alterar el campo geomagnético terrestre y detenerlo, puede destruir todos los seres vivos. Pero, por suerte, parece no haberse dado cuenta de esto. Ojalá siga así y su mayor poder sea dominar las mentes humanas. Algo en lo que Magneto y la ciencia creen a pie juntillas.

Tu mente sí que tiene onda

Existe una irrefutable conexión entre el electromagnetismo y nuestro cerebro. En nuestra mente, la información y los estímulos se trasladan mediante corrientes eléctricas que son conocidas como ondas cerebrales y que el magnetismo puede afectar de un modo que la ciencia aún no comprende del todo.

Una serie de pruebas, realizadas en el Centro para la Mente de Sidney, Australia, demostró que las ondas magnéticas mejoraban las habilidades de dibujo de un grupo de niños. El director de este centro, el profesor Allan Snyder, asegura que quienes se someten a la estimulación craneal con magnetismo, logran capacidades mentales cercanas a la genialidad. Por otro lado, hay neurólogos que relacionan pequeños cambios magnéticos en el cerebro con la depresión y aseguran que los escáneres magnéticos permitirán, en el futuro, detectar el inicio de enfermedades neurodegenerativas como el Parkinson.

Esto quiere decir, que si Magneto fuera capaz de alterar nuestras ondas cerebrales, podría modificar sin duda nuestro pensamiento.

2.14. Blob

Cuerpo antibalas

En el presente este personaje sería políticamente incorrecto, pero allá por el año 1964 cuando nace de la pluma de Stan Lee, no lo pareció en absoluto. Fred. J. Dukes es miembro de un circo y actúa allí bajo el nombre de Blob. Dukes es un gigante que tiene obesidad mórbida. Debido a su gran masa es capaz de alterar su campo de gravedad para volverse prácticamente inamovible, aun así es sumamente ágil y veloz. Todas estas cualidades las aprovecha para enfrentarse a los más débiles. Charles Xavier, de los X-Men intenta reclutarlo para su Escuela de Mutantes, pero su actitud hace que no sea bien recibido entre los otros alumnos y decide marcharse. Xavier intenta borrar su memoria para que no recuerde la localización de la escuela, pero Blob escapa antes que lo consiga. Quien sí consigue reclutarlo es Magneto y a partir de ese momento comienza una provechosa carrera como criminal enfrentándose a los X-Men y también a Hulk. Blob posee tal cantidad de grasa corporal que es capaz de detener balas con su cuerpo, que en ocasiones resulta impenetrable hasta para las garras de Lobezno.

La enorme masa corporal de Blob hace que Lobezno, a menudo, tenga serias dificultades para infligirle daño. Su capa protectora de grasa (asumimos) es una barrera que actúa como chaleco antibalas y antigarras. Pero ¿cuán grande debería ser para detener una bala o al menos para impedir que llegue a los órganos vitales?

Atrápalo como puedas

Pues aunque parezca increíble los científicos han hecho un cálculo para saberlo. El índice de penetración de una bala se mide disparándola hacia un tubo de gelatina de densidad similar a la de la piel humana. Para una bala de 9 milímetros, uno de los proyectiles más utilizados, se calcula que este índice está en los 30 centímetros. Se estima que una persona de 1.75 metros y 75 kilos de peso, tiene un

área corporal de 1.91 metros cuadrados. Para rellenar esta medida
con unos 30 centímetros de grasa y que esta tuviera una densidad de
1 gramo por centímetro cúbico, el sujeto debería pesar más de 570 kilos. Algo que a Blob no le costaría mucho esfuerzo. Pero todo esto son
cálculos matemáticos, cifras que no reflejan la realidad. Si alguien de
verdad hubiera disparado a un cilindro de grasa, entonces sabríamos
la respuesta… Pues, obviamente alguien ya lo ha hecho. Se trata de
David Williamson, científico del Grupo de Microestructura, Fractura y
Superficie del Laboratorio Cavendish. Allí han creado un cañón de
unos 3 metros de largo alimentado con helio a alta presión que dispara una bala, de tamaño similar a una 9 milímetros, hacia un cilindro
relleno con gelatina con una densidad similar a la grasa humana. El
helio a alta presión disparó la bala a una velocidad de 500 metros por
segundo, es decir a 1.800 kilómetros por hora (casi el doble de la velocidad del sonido). ¿El resultado? Son necesario unos 72 centímetros

de grasa corporal en todo el cuerpo (y esto quiere decir en toooodo el cuerpo, apéndices, dedos, orejas, etc.) para detener una bala. Afortunadamente en un alarde de lógica, los guionistas hicieron que Blob sea vulnerable a cualquier herida que se le infringiera en su rosto (nada se dice de sus partes íntimas que para ser a pruebas de bala deberían de estará cubiertas por casi un metro de grasa), por lo que para este villano, las cuentas y la experiencia concuerdan con sus poderes.

Como corolario a este villano, va una anécdota respecto a su nombre. En informática un Blob es un objeto binario de gran tamaño (Binary Large Object) que se utiliza para mover grandes cantidades de información desde una base de datos a otra.

2.15. Mr. Siniestro

Controlar las mutaciones

En el mundo del cómic es aceptable que un hombre vuele en mallas ajustadas, que dispare telas de araña con las muñecas o que se transforme en un átomo y conserve la masa de un hombre de 1,80 metros... pero ¿que un villano mantenga en jaque a los poderosos X-Men y tenga solo once años? Pues parece que hay algunas cosas nuevas bajo el sol, al menos el que sale en el universo Marvel. Nathaniel Essex se ha criado en el mismo orfanato en el que vivió el ojito derecho del profesor Xavier, Cíclope. Allí, Essex es quien manda pese a su edad aparente. Este mutante tiene en realidad miles de años, su mente envejece, pero su cuerpo no y esto lo vuelve inestable emocionalmente, es decir, se convierte en un incordio por decir lo mínimo. Essex tiene un problema, le gusta ser villano, pero sabe que con la apariencia de un niño de 11 años nadie lo tomará en serio. De modo que decide alterar genéticamente a un mutante, llamado Courrier, para que obedezca sus órdenes. Míster Siniestro, como se hace llamar Essex desde entonces, logra el control celular del cuerpo de Courrier, gracias a sus profundos conocimiento en biología, genética, clonación, ingeniería y física... ¿Por qué si son tan inteligentes los villanos, siempre pierden?

ADN: Alteraciones de Naturaleza

Cuando hablemos de Richard Reeds, el Hombre Fantástico, veremos cómo funciona el ADN, la base de la vida. Pero a veces, este armazón sufre algunas alteraciones conocidas como mutaciones. Pese a que a menudo relacionamos mutación con un cambio poco favorable, la realidad es que la evolución se ha servido de las mutaciones para que los diferentes organismos se adapten a los cambios en su entorno. En cierto sentido, las mutaciones son pruebas de ensayo y error que la naturaleza efectúa en los organismos: si los cambios resultan favorables, los ejemplares que han mutado, prosperarán y transmitirán el

nuevo gen a su descendencia, pero si en cambio la mutación no aporta una ventaja real, probablemente muera con su portador. Hay muchos tipos de mutaciones. Pero las más frecuentes son la substitución, la inserción, el borrado y el reencuadre. La primera de ellas sucede cuando se reemplaza una base por otra. Por ejemplo, el ADN está formado por cuatro «ladrillos»: adenosina, guanina, tiamina y citosina. Si en el lugar de uno de ellos, aparece otro, se considera una mutación por reemplazo. Puede que no tenga ningún tipo de consecuencias o puede producir un cambio en el gen de la beta hemoglobina y causar un tipo de anemia.

Tú también eres un mutante

La inserción se produce cuando se añaden un nuevo par de base (dos ladrillos) en un sitio de la cadena de ADN. En el borrado sucede exactamente lo opuesto y, finalmente, la más complicada es el reencuadre. La información genética se forma con cuatro ladrillos, pero estos van agrupados de tres en tres. Supongamos que los pares bases formaran frases, por ejemplo: «Hoy soy del ADN», la frase se puede agrupar en cuatro grupos de tres letras: «hoy-soy-del-ADN» que tiene un sentido y es entendible. Pero si se agrega o desaparece una base, por ejemplo la primera letra, el sentido se pierde: «oys-oyd-eladn». Puede que no haya ningún tipo de variación o puede que la alteración tenga grandes consecuencias. Estos genes determinan la disposición de nuestro cuerpo y lo tienen animales como las moscas y los humanos.

Las mutaciones se pueden dar, principalmente por dos causas: que el ADN se copie de modo erróneo o por razones externas. La primera de ellas sucede cuando una célula se divide y al copiar su ADN no lo haga de modo correcto. Esa pequeñas diferencia es una mutación.

El siguiente ejemplo se produce cuando se expone el organismo a un cierto tipo de química o radiación. Estos agentes hacen que el ADN se rompa. Esto no es algo atípico y puede ocurrir en los ambientes más impolutos. Pero cuando el ADN intenta repararse de estos daños, las células pueden dejar parte del trabajo por hacer, o hacerlo mal y terminan con un ADN un poco diferente del original.

Sí, eres muy mutante

A diario ocurren cerca de un millón de mutaciones celulares de las que ni siquiera nos enteramos, dado que todas las células de nuestro cuerpo tienen ADN. Pero son muy pocas las mutaciones que pasan de una generación a otra ya que estas se tienen que producir en células reproductivas. Si esto ocurre puede que los cambios sean mínimos, como un color de ojos diferentes, por ejemplo. Puede que no haya ningún tipo de variación o puede que la alteración sea tenga grandes consecuencias. Y es esto justamente lo que nos interesa en este caso. Los grandes cambios ocurren en secciones del ADN que tienen la misión de controlar la tarea y la activación (o inactivación) de ciertos genes. Si la mutación ocurre en genes de control, denominados genes Hox, el cambio puede ser de órdago. Estos genes los tienen animales como las moscas y los humanos. Pese a lo diferente que podamos parecer de estos insectos, un 60% de nuestro material genético es idéntico al de ellos. Y aquí está la clave de cómo es posible mutar nuestro ADN para producir mutaciones sorprendentes. Un experimento científico, llevado a cabo por científicos del Baylor College de medicina de Houston, Texas, alteró uno de estos genes Hox en el ADN de la mosca para hacer que creciera en su abdomuen una pata extra. El genetista Benjamin A. Pierce cuenta en su libro *Genética, un acercamiento conceptual,* cómo otros investigadores fueron un poco más allá y transformaron una parte del cuerpo de una mosca en otra parte. ¿El resultado? La mosca se desarrolló con una pata extra en el lugar done debería estar su antena. Pero para que esto suceda en humanos se debería, primero, permitir experimentar con futuros embriones, algo impensable hoy en día (igual de impensable que resolver para qué querría alguien crecer con un juego extra de dedos saliendo de su frente). Y antes de todo esto habría que ser capaces de identificar entre el 1,5% de los 3.200 millones de nucleótidos que forman nuestros 30.000 genes, aquellos que codifican proteínas y nos permitan realizar este cambio. Es buscar una aguja en un pajar. Aunque sin dudas es posible. Pero... ¿quién se atrevería a hacerlo sin llamarse Mr. Siniestro?

Parte 3

PODERES DE LABORATORIO

La magia que hay detrás de la ciencia

La televisión, los ordenadores, la bomba de hidrógeno, los reactores nucleares, el cromosoma, los microondas, las máquinas de diálisis, la inteligencia artificial, la estructura de ADN, los detectores de partículas, la fibra óptica, la comunicación por satélites, el corazón artificial... Todos estos (y muchos más) fueron descubiertos o creados entre 1940 y 1960. En los laboratorios del mundo se cambiaba (¡y se cambia!) la vida de las personas. A veces, la magnitud del descubrimiento (pensad en un corazón artificial hace 50 años) unido a la falta de información y formación del público en general, hacía que estos hallazgos sean vistos casi como eventos mágicos. Hoy es difícil que un nuevo avance nos sorprenda, pero medio siglo atrás, el asombro era constante y los laboratorios eran los sitios donde se obraba la magia de la ciencia.

HÉROES

3.1. ATOM

Pequeño pero matón

Roy Palmer es un profesor de física que persigue el desarrollo de un rayo de concentración que le permita miniaturizar objetos y personas. Y lo hace con una constancia digna de admiración pues para la época en que comienzan sus andaduras en el mundo del cómic, lleva unos 145 experimentos en esa dirección. Pero todo cambia una noche en la que Palmer, conduciendo por la carretera, ve un trozo de una estrella, una enana blanca para ser más precisos, caer en las cercanías. El afortunado Palmer descubre que este elemento (nunca se explica cuál es el elemento, solo se menciona que es el elemento de la estrella) es el ingrediente que le falta para alcanzar el éxito en su emprendimiento y poder reducirse hasta el tamaño de un átomo y ser conocido desde entonces como, obviamente, Atom.

Así nace una estrella

La primera duda que surge cuando hablamos de este superhéroe es del instante en el que se convierte en tal. ¿Recordáis que se encuentra, en plena carretera con una estrella, más precisamente una enana blanca? Pues bien, si Roy Palmer de verdad hubiera podido levantar el pequeño astro (que de pequeño no tiene nada, como ya veremos), lo más probable no es que se hubiera quemado las manos, sino la Tierra entera. Las estrellas nacen gracias a las nebulosas. Estas, como su

nombre lo indica, son como nubes formadas por hidrógeno y helio principalmente (de decenas de años luz), que giran a una velocidad de 18.000 kilómetros por segundo (suficiente para dar más de una vuelta al mundo). Lo único que puede alterar a estos gigantes es un evento cósmico de extraordinarias dimensiones: la explosión de una supernova. La energía desprendida por este acontecimiento (que ocurre cada cerca de 50 años en el Universo) provoca que los átomos de hidrógeno y helio se acerquen cada vez más, la temperatura empieza a aumentar hasta que alcanza los 1.000 ºC. Entonces comienzan las reacciones de fusión (los átomos están tan juntos que fusionan sus núcleos, creando una enorme cantidad de energía). Cuando alcanza un tamaño cercano a 30 veces el del Sol (recordad que tenía decenas de años luz) se estabiliza. Su núcleo tiene el tamaño de nuestra estrella, el resto es polvo que se dispara en todas las direcciones. De la cantidad de gas que haya logrado «atrapar» en su interior dependerá su vida, un ciclo que se mide en miles de millones de años. A lo largo de este tiempo, la estrella irá gastando su combustible. Si su tamaño no es mayor a 10 veces el del Sol, cuando agote su combustible, se transformará en una enana blanca, de un tamaño similar a la Tierra, pero con un peso 1 millón de veces mayor. Ahora ya te puedes imaginar lo que causaría que una enana blanca cayera en nuestro planeta.

Cuestión de tamaño

Igual de sorprendente son las dimensiones de este superhéroe: mide lo que un átomo. Esto quiere decir que si lo pusieras en el punto de esta i, no podrías distinguirlo entre los más de 500.000 millones de átomos que están a su lado. ¿De qué le sirve hacerse tan pequeño? Aparentemente de mucho, ya que por algún truco físico que aún no conocemos, Roy Palmer, cuando se minimiza a estas dimensiones, logra conservar su masa. Lo explicaremos del siguiente modo: la masa es la cantidad de materia que tiene tu cuerpo, algo que permanece invariable sin importar en qué lugar del Universo estés. Tu peso, por otro lado, es el modo en el que la fuerza de gravedad actúa sobre tu masa. En la Tierra tu peso será de, supongamos, 60 kilos, pero como en la Luna la gravedad es 1/6 de la terrestre (recuerda el capítulo de Superman), allí tu peso será de 10 kilos, pero tu masa será la misma. Así, Atom logra de algún modo comprimir los más de siete mil cuatrillones de átomos que tenemos (un 7 seguido de 27 ceros, según calculó el Laboratorio Jefferson de Estados Unidos) en el espacio que ocupa uno solo… Vamos que si lo hace explotaría la primera (y única) vez que lo intentara como una bomba de fusión… de átomos.

Imaginaos una pulga que pesara 80 kilos… Pues eso es lo que le permite golpear con contundencia atómica (de átomo) a sus adversarios y derribarlos aunque tamaño sea atómico (de un átomo). Pero este poder está claramente en contra de una ley postulada hace casi 500 años por Galileo Galilei en uno de sus libros claves: *Diálogos sobre dos nuevas ciencias.* Entre otras observaciones, Galileo señala porqué el tamaño de los animales del planeta no es arbitrario y siguen una ley que los limita denominada del cuadrado-cubo. Básicamente, este postulado asegura que si las dimensiones físicas de un cuerpo (su longitud, anchura y altura) se multiplican por un número x (pongamos 5), el área de su superficie se verá multiplicada por el cuadrado de ese mismo número (25), mientras que su volumen lo hará por el cubo del mismo número (125). Esta ley también funciona cuando queremos hacer que algo sea más pequeño, por lo que si los huesos del brillante Palmer se reducen a su mínima expresión, pero sigue conservando su masa, su estructura ósea se astillaría en un instante. Esta ley resulta ser fundamental en la ingeniería, sobre todo en lo que respecta a calcular la resistencia de materiales y también en la biomecánica. Si pudiéramos crear una gallina diez veces más grande, deberíamos seguir esta proporción, porque, según Galileo, de lo contrario no podría moverse: al multiplicar por el cuadrado su superficie muscular pero por el cubo su volumen, su fuerza se vería notablemente reducida.

El movimiento se demuestra calentando

La ventaja de las dimensiones de Atom es que le permiten presenciar eventos físicos imposibles para nosotros, por ejemplo, ver la temperatura de un objeto. Básicamente la temperatura de un cuerpo es la energía cinética de los átomos que lo conforman. Si esta energía es alta (es decir, sus átomos se mueven rápido), el objeto estará caliente. Y viceversa. Es este movimiento de los átomos lo que permite a Palmer detectar con su vista los cambios de temperatura cuando se convierte en el superhéroe más pequeño del Universo. Gracias a este conocimiento sabemos que la temperatura mínima que se puede alcanzar, aquella a la que los átomos permanecen inmóviles (aunque en verdad nunca están totalmente inmóviles) es conocida como el cero absoluto: $-273,15\ °C$. Pese a que esta temperatura no se ha alcanzado todavía, científicos del MIT han estado muy cerca: a solo medio nanokelvin (un nanokelvin es la milmillonésima parte de un grado). Para los más curiosos, la máxima temperatura fueron 4 billones de grados centígrados y se consiguió en el Laboratorio Nacional de Brookhaven mientras buscaban recrear los instantes inmediatamente posteriores al Big Bang. Esto se consiguió haciendo chocar iones de oro para causar explosiones que duran milisegundos. Lo justo para que no arda el planeta entero ya que esa temperatura es 250.000 veces mayor que la del interior del Sol (15 millones de grados).

3.2. Flash

¡Que lo detengan!

Pese a que hubo unos 20 superhéroes que llevaron este nombre (algunos habitaban en universos paralelos y otros llegaron desde el futuro), el más conocido es Barry Allen. Policía de profesión e impuntual impenitente, Allen comenzó sus veloces andaduras en el mundo de los superhéroes cuando un rayo cayó en un laboratorio con productos químicos que lo bañaron por completo. La combinación de ambos (químicos y rayo), le dieron el poder de la supervelocidad. Al descubrir esto, Allen decidió dedicarse a combatir el crimen desde otro sitio y para ello se bautizó como Flash, en honor al héroe de cómics que leía cuando era pequeño (el primer Flash de la historia: Jay Garrick). Con este poder en sus manos (bueno, en sus piernas), Flash consiguió dos logros históricos. El primero de ellos es no enfadar más a su novia, Iris West, una periodista del siglo XXX (sí, del año 3.000) que viajó al pasado de manos de un Flash del futuro. El segundo, y más importante aún, fue hacerse con el traje más (y mejor) justificado de todos los superhéroes. En una de las primeras aventuras del corredor escarlata, Allen muy pronto se da cuenta de las consecuencias de la hipervelocidad: la fricción con el aire hace que sus ropas queden hechas jirones. A partir de ese momento comienza a vestir un traje de buceo de origen ruso, resistente a los cambios de presión, más aerodinámico que su vestuario de calle y (más le vale) resistente al calor.

Oír a la velocidad del sonido

Vamos por partes entonces para comprender las consecuencias de la rapidez de Flash. Primero sus ropas. La fricción que genera en el aire al desplazarse haría que su traje (y su cuerpo) elevara su temperatura. Por ello su disfraz debería estar compuesto de un material similar al Nomex. Este polímero, de la familia de los nailons, es capaz de resistir hasta 220 ºC durante 10 años seguidos, sin consumirse. Adecuadamente ajustado, este traje, podría hasta llegar a ser aerodinámico.

Pero el resto de su cuerpo estaría desprotegido si no usara máscara. Viajar a la velocidad del sonido sin protección haría que no pudiéramos respirar: no tendríamos fuerza suficiente para expulsar el aire, se nos hincharía la boca y se nos podría desgarrar la mandíbula. Por si fuera poco parpadear sería imposible y la presión haría que nuestros ojos exploten.

Y lo más importante: ir a la velocidad del sonido haría que Flash no pudiera oír absolutamente nada, ya que el sonido, al ir más lento que él, nunca llegaría a sus oídos.

Ciencia fricción

Pero ¿cómo hace para ir tan rápido? De acuerdo con sus creadores, Flash logra, gracias a su velocidad, crear una especie de burbuja que elude la fricción. Esto hace que el aire «pase» alrededor de su cuerpo, pero no lo roce. Científicamente, esta burbuja, ¿podría explicar su velocidad? En absoluto. Si bien la fricción indudablemente lo ralentiza, sin fricción ni siquiera podría moverse y agitaría sus piernas en el aire como un dibujo animado, siempre en el mismo sitio. La fricción con el suelo es lo que nos permite caminar (intentad hacerlo en una superficie como el hielo donde casi no hay fricción).

¿Más en contra de Flash? Pues sí. Me pregunto por ejemplo ¿qué comía? Si un adulto, de unos 80 kilos precisa unas 3.000 calorías diarias y para una hora de ejercicio intenso y continuo son necesarias alrededor de 1.200 calorías. Para que Flash pudiera correr durante varias horas seguidas (en una de sus aventuras cruzó el Atlántico, por ejemplo) y con la intensidad con la que lo hace, serían necesarias más de 100.000 calorías.

Algo que sí es posible, dada la velocidad que supuestamente desarrollaba nuestro superhéroe, es correr sobre el agua: sus pies se mueven tan rápido que rompen la tensión superficial del agua y generan la fricción necesaria para que pueda avanzar.

Y se hizo la luz

Pero el corredor Escarlata puede hacer mucho más que lo que hemos descrito hasta ahora, al menos según sus creadores. Dependiendo de sobre qué Flash estemos hablando, recordemos que hubo unos 20 superhéroes con este apelativo, el más veloz de todos ellos podía sobrepasar la velocidad de la luz. Y esto no es posible. Pero lo interesante no es que sabemos que es imposible ir más rápido que la luz, sino cómo lo sabemos.

A medida que un cuerpo incrementa su velocidad, su masa también aumenta. Esto es imperceptible hasta que se alcanzan velocidades de verdadero superhéroe y lo sabemos gracias a la famosa ecuación de Einstein: E=mc2, es decir la energía es igual a la masa multiplicada por la velocidad de la luz al cuadrado. La masa mide la resistencia de un objeto al movimiento, por ello, cuando un cuerpo se mueve, incrementa su energía cinética y, por lo tanto, su masa también se ve afectada. Lógicamente cuanto más rápido se mueve un objeto, en mayor medida se verá afectada su masa. Pero para que esto sea notorio, debe incrementar mucho su velocidad. Por ejemplo, un objeto que se desplaza a 75.000 kilómetros por segundo (a un cuarto de la velocidad de la luz) incrementará su masa en menos de un 1%. Algo aparentemente imperceptible, pero Brian Greene, autor de *El Universo elegante* y uno de los físicos más reconocidos del siglo nos cuenta qué sucede a medida que nos acercamos a la velocidad de la luz, a un 99,9% de la velocidad de la luz un objeto es «22 veces más pesado que cuando está inmóvil (Flash pesaría más de 1.600 kilos) y cuanta más masa tiene un objeto, más difícil es incrementar su velocidad (requiere más energía) Así, cuando se desplaza a un 99,999 por ciento de la velocidad de la luz, la masa se multiplica por 224 (¡casi 18.000 kilos pesaría nuestro héroe!) y a un 99,99999999 % de la velocidad de la luz se multiplica por un factor que es de más de 70.000. Como la masa aumenta sin límite a medida que se aproxima a la de la luz (y aquí la clave es SIN límite, es decir de modo infinito), sería necesaria una energía infinita para alcanzar o superar esa barrera, algo que es imposible y por lo tanto no se puede ir más rápido que la velocidad de la luz».

Más rápido que Flash

Pero intentemos dejar el honor de este superhéroe a salvo: Flash sí podría ir más rápido que cualquier ser humano. La velocidad máxima que puede alcanzar el hombre, por ahora, es de unos 37 km/h y eso si eres Usain Bolt. Pero ¿podremos acercarnos en algún momento al poderío que exhibe este personaje? Si por acercarnos te refieres a casi duplicar nuestra velocidad, sí, teóricamente podríamos. Nuestras fibras musculares son como bandas elásticas cuya fuerza está determinada por, obviamente la cantidad, pero también por su velocidad de contracción. El experto en biomecánica de la Universidad de Wyoming, el

Dr. Matthew Bundle, ha realizado recientemente un estudio que demuestra que no usamos todo nuestro potencial. De acuerdo con su investigación, las fibras musculares de nuestro cuerpo se pueden contraer a una velocidad mucho mayor de lo que se pensaba, permitiéndonos entonces, correr más rápido de lo que creíamos. De acuerdo con Bundle, la velocidad de contracción de nuestros músculos es tal, que al 100% de su eficiencia, podríamos sobrepasar los 60 km/h y ¡bajar el récord de los 100 metros tres segundos! Usain Bolt se quedaría 30 metros detrás de nosotros. Claro que este es el límite teórico, en la práctica, la realidad es muy distinta. Igual que sucede con Flash. ¿O acaso alguna vez te has puesto a pensar cuántas calorías debería ingerir nuestro héroe para poder correr a la velocidad del sonido? ¿O cómo hace para ver y oír cuando se desplaza con esa rapidez? Pues dados los problemas a los que se enfrenta, no es extraño que nadie le envidie su don, yo de hecho, saldría por patas, si estuviera en sus pies.

Por último, una de las habilidades más extrañas pero físicamente más probables de Flash. Los guionistas de este personaje aseguran que, debido a la velocidad que es capaz de desarrollar, este superhéroe es capaz de atravesar paredes sin daño aparente. Pero solo lo puede hacer si lleva su extraordinaria velocidad al extremo opuesto: la extrema lentitud.

Rápido como un caracol

Cuando hablamos sobre Atom, y mencionamos las propiedades de la temperatura, recalcamos que pese a que la temperatura mínima, el cero absoluto, indica que los átomos están inmóviles, estos nunca están del todo quietos. Por más extraño que nos parezca, los muros que nos rodean, la mesa y hasta la silla en la que estás sentado están formadas por átomos que se están moviendo. Todo esto, y nosotros también, tiene una longitud de onda. Lo que sucede es que la longitud de onda de un árbol, por ejemplo, es de 10 centímetros, mientras que la nuestra es billones de veces más pequeña (de hecho es un 1 seguido de 30 ceros aproximadamente). Si Flash quisiera atravesar un pino, por ejemplo, su longitud de onda debería ser semejante a la del árbol. Debido a que la longitud de onda se acorta conforme avanza la velocidad (por ello las ondas más pequeñas que mencionamos cuando hablamos de Superman, son las más energéticas, porque se trasladan más rápido), Flash debería agrandar su longitud de onda y la solución es ir más lento. Mucho más lento. Lo suficiente como para que se mueva a unos 10-26 metros por segundo. A Flash le costaría más de la edad actual del Universo, atravesar un árbol, por lo tanto más le vale rodearlo y seguir su camino en persecución de los malvados.

3.3. OMAC

Activar un virus a distancia

Si alguna vez los robots violaran las tres leyes postuladas por Isaac Asimov serían malvados entes cibernéticos. Si se decidieran a reescribirlas serían OMAC. Estos ciborgs del universo de DC Comics toman control de cualquier ser humano inyectándoles un virus que les permite asesinar a cualquier ser con superpoderes. El superhéroe que los derrotó y los confinó (al menos por ahora) a una Tierra en una dimensión alternativa fue Batman. El virus que se inyecta en la víctima tiene la extraña capacidad de poder ser activado, en cualquier momento siempre que esté en el mismo planeta.

Contamíname

La habilidad de OMAC para activar un virus a distancia es cuestionable. No imposible, pero sí muy difícil. Veamos un poco porqué. Un virus es una «forma de vida» microscópica e infecciosa que solo puede multiplicarse dentro de las células de otros organismos, que pueden ser plantas, animales y aún bacterias. Es posible encontrar virus en cualquier ecosistema del planeta y representan la entidad biológica más abundante de la Tierra. Para entrar en un huésped (el organismo que le servirá para multiplicarse) puede hacerlo a través de diferentes modos, cada uno característico de ciertos virus. Algunos se inclinan por hacerlo a través de otros organismos (llamados vectores de transmisión), por ejemplo virus que infectan una planta y se propagan gracias a los insectos que se alimentan de estas o infectando la sangre de animales y esparciéndose por la tarea de mosquitos que se alimentan de la sangre de estos animales. Pero hay, también, algunos tipos de virus que se propagan a través del aire, como la gripe. Los virus, en general, son «bichos» muy inteligentes ya que deben asegurarse infectar un organismo para reproducirse, pero también deben tener la certeza de no causar la muerte, ya que si esto ocurre, también desaparecen ellos. Viven en un constante equilibrio que, según piensan algunos expertos, se debe a que han evolucionado junto a sus huéspedes. Esta sería una de las tres teorías que explican su origen.

Infectar: una estrategia sexual

Otra probable explicación es la de células que para vivir parasitaban a otras de mayor tamaño, era su única forma de reproducción. Hay bacterias actuales que solo pueden reproducirse a través de un huésped. Finalmente la última teoría señala que los virus surgieron de fragmentos de ADN que se «fugaron» de los genes de un organismo más grande. Las bacterias son muy promiscuas, pero no penséis mal, esto quiere decir que intercambian material genético con otras de diferente especie. A veces lo hacen a través de plásmidos, que son fragmentos de ADN que se mueven entre células. Allí estaría el origen de los virus. Para sobrevivir, un virus sigue una receta que lleva probándose millones de años. El primer paso es la adhesión: cuando el virus identifica la célula que le permitirá reproducirse (no en cualquiera, por ejemplo el VIH solo infecta los linfocitos T). A continuación sigue la penetración: el virus entra en la célula. El tercer paso se conoce como despojo: la célula huésped ve, indefensa, como su información es reemplazada por la del virus. En este momento, el virus sabe que se ha hecho «dueño» de la situación». Ahora solo queda el salto final: la reproducción.

Esta capacidad para introducir su información en otras células ha hecho que la ingeniería genética se aproveche de ellos: los genetistas utilizan virus específicos para introducir genes en células que están investigando, de este modo logran que haga algo para lo que no está diseñada originalmente, como producir una sustancia determinada o reaccionar de diferente manera a un estímulo.

Un huésped desagradecido

Para que Omac logre su objetivo de activar un virus a distancia, debería hacerse con uno que responda a ciertas condiciones ambientales (que se «active» con una determinada temperatura) o que reaccione a ciertos huéspedes. La primera opción, reaccionar al entorno, es inviable según me comenta Juan Ortín, especialista en virus y profesor investigador del CSIC: «Los virus, cuando están en forma de partícula, no activan ningún gen. Solo activan sus genes cuando interactúan con su huésped. En el medio ambiente no hay ningún gen viral que actúe. El

virus reconoce al huésped porque tiene una sustancia que activa una proteína que hace que le reconozca, en ese momento comienza a multiplicarse, si no existe esa interacción no puede entrar. Por eso hay virus que afectan a algunas personas y a otras no. Un virus simplemente está, no actúa hasta que entre en contacto con su huésped». ¿Qué opción le queda entonces a OMAC para fugarse a otro continente y accionar un interruptor que active un virus? Ortín, da una posible solución: «Si uno cambia la superficie del virus para que en lugar de reconocer a un huésped reconozca a otro, se puede manipular. Dentro de las limitaciones del virus, hay algunos que se dejan y otros que no. Se puede manipular la relación con el receptor. Pero eso no implica que se abran todas las puertas. Luego tiene que multiplicarse. Hay veces que eso no se consigue y es más difícil de manipular. Hay que tener un conocimiento muy profundo del virus, siempre que el sistema sea permisivo. Es posible, pero no es sencillo. También es posible manipular el grado de virulencia y de contagio de un virus». Por lo tanto, el único modo de que OMAC active un virus a distancia es a través de un profundo conocimiento de su genética y haciendo un trabajo de campo previo. Primero debería diseñar una sustancia que se introdujera en las células y actuara como cebo para el virus y, al mismo tiempo, manipular a este, para que solo se reaccionara ante esta sustancia, que, llegado el momento, administraría a sus víctimas. A partir de ese momento, cuando quisiera contagiarlos, les puede hacer llegar el virus. Es verdad que no puede activarlo, pero sí podría decidir a quién infecta y cuando. Pero la tecnología para ello, por ahora, es reino de los cómic. Y esperemos que siga así.

3.4. Animal Man

Pensar en verde

A la hora de convertirse en superhéroe (o en villano), la ironía juega un papel fundamental: Batman se convierte en el objeto de sus temores, los murciélagos. Sandman adquiere las propiedades del elemento que le servía para evadirse cuando era pequeño: la arena. Y Bernhard Baker no sería distinto: en una excursión de caza, en su adolescencia, Baker se acerca a una nave extraterrestre que explota. La radiación residual le otorga el poder de imitar las habilidades de todos los animales. A partir de ese momento se convierte en Animal Man y comienza su carrera contra el crimen organizado. Esta habilidad se ha intentado explicar en varias oportunidades. Algunos autores señalan a la radiación alienígena como responsable, otros aseguran que se debe a la reconstrucción de su cuerpo por «morfogenética» a nivel celular y, finalmente, hay quienes afirman que se debe a un campo morfogenético. Sea cual sea el origen, Animal Man es capaz de pensar en un animal y adquirir sus propiedades. Así consigue la fuerza de un Tiranosaurio, volar como un ave (aunque nunca le crecen alas), la electricidad de un anguila, cambiar de color como el camaleón y la resistencia de una cucaracha. Por si fuera poco también es capaz de hablar con los animales y comunicarse con ellos telepáticamente.

No es absoluto extraño que este personaje tenga el poder de la telepatía. La verdad, con las pintas que tiene, es casi una bendición poder comunicarse a la distancia con otros seres vivos. Algo que en la realidad es evidentemente imposible... ¿O no?

Te llevo en mi mente

Veamos primero un poco el funcionamiento de nuestro cerebro. Cada vez que nuestras neuronas se conectan entre sí (algo que ocurre todo el tiempo) lo hacen a través de pequeñas descargas eléctricas, milivoltios imposibles de detectar a simple vista. Esto lo descubrió el científico inglés Richard Calton en 1875 y fue lo que llevó a crear el electroence-falógrafo a principios del siglo xx. De este modo, nuestro cerebro emi-te pequeñas ondas eléctricas cada vez que pensamos. Solo que hay dos problemas, primero que somos emisores y no receptores de estas ondas (es decir, carecemos de una antena) y segundo, las señales son tan débiles que apenas si podemos detectarlas y diferenciar los pen-samientos de otros comandos del cerebro como la orden para mover un músculo. Pero los científicos no se detienen ante esta dificultad y responden con las Imágenes de Resonancia Magnética (MRI). Básica-mente estas máquinas lo que hacen es detectar qué zona del cerebro está más activa (la que consume más oxígeno) y señalarla. Hay MRI tan precisas, llamadas MRI funcionales o fMRI, que apuntan a la acti-vidad cerebral en una región de un milímetro de diámetro en solo un segundo. Gracias a estas máquinas se puede detectar la onda (el pen-samiento) de una persona e identificarlo con, por ejemplo, un objeto. Es como un traductor de nuestras ondas cerebrales: primero aísla la onda de todas las demás presentes, la identifica y la relaciona con el pensamiento de la persona. Este es el campo de investigación de Mar-cel Just, neurólogo de la Universidad Carnegie Mellon que ha sido ca-paz de señalar, con fMRI, la onda de 12 objetos distintos, en su caso herramientas de carpintería.

El diccionario de tu cerebro

Just es capaz de saber, por el tipo de onda, en qué objeto está pensan-do una persona con una fiabilidad de entre el 80 y el 90%. La tarea de construir un «diccionario de ondas» (una palabra que se identifique inequívocamente con un tipo de señal cerebral) es titánica, pero si eventualmente se consigue y somos capaces de reducir el tamaño de los fMRI al de un chip que se implante en el cerebro, ya tendríamos la antena para detectar el pensamiento ajeno y nos podríamos comuni-car, siempre que quisiéramos, solo con el pensamiento.

Hasta que llegue ese momento debemos confiar en Daryl Bem, psicólogo de la Universidad de Cornell.

¿Es posible?

Puede que Bem sea el primer científico que ha demostrado que exis-te algún tipo de telepatía de la que aún somos incapaces de entender y menos de detectar. Este reputado psicólogo publicó su trabajo, ba-

sado en nueve experimentos diferentes, realizados en más de mil voluntarios. La investigación fue revisada por tres editores distintos antes de ser publicada en el *Journal of Personality and Social Psichology*. Los dos estudios de Bem que más llaman la atención son los siguientes: en uno de ellos se les pedía a los voluntarios que recordaran una lista de palabras y luego se les pedía que escribieran algunas de estas palabras elegidas al azar. Aquí es donde el experimento comenzó a volverse extraño: los voluntarios, de algún modo, recordaban mejor aquellas palabras que más tarde eran justamente las que debían escribir. Por si alguien piensa que la información podía pasar de los expertos a los voluntarios, es necesario aclarar que estos últimos se encontraban en cuartos individuales. Y que las instrucciones de la prueba se daban a través de un ordenador.

Anticiparse al futuro

El segundo experimento también era dirigido por un ordenador. En la pantalla aparecían imágenes de dos cortinas. Detrás de una de ellas se escondía una fotografía, detrás de la otra una pared en blanco. Los voluntarios debían decidir detrás de cuál de las cortinas se ocultaba la imagen. Y era el ordenador el que «decidía» de modo aleatorio dónde se ocultaba la imagen. La prueba constaba de 36 ensayos, es decir, 36 fotografías por descubrir. Muchas de las imágenes contenían escenas eróticas. Lo llamativo de este ensayo es que, después de 100 sesiones realizadas, los voluntarios descubrían donde se ocultaban las imágenes eróticas en una proporción por encima de lo que dictaría el azar (50%, con un porcentaje del 1% hacia arriba o hacia abajo): el 53.1%. Algo que no ocurría cuando las imágenes no eran eróticas (el 49.8%). Pese a que los porcentajes de las pruebas realizadas por Bem serían indicadores de algún tipo de telepatía o precognición, el verdadero valor de estos test es que sus condiciones pueden ser fácilmente recreadas por otros investigadores para que los resultados se confirmen. Hasta ahora, muchos científicos aseguraban haber probado la existencia de poderes psíquicos, como la clarividencia o la telepatía, pero cuando sus evaluaciones eran realizadas por otros expertos, los resultados no eran equivalentes. Sin embargo, esta podría ser la primera vez que ello ocurriera.

3.5. La Cosa del Pantano

Bosques donde había desierto

Originalmente concebido como una historia de terror, este héroe pronto se transformó en favorito de muchos lectores debido a sus extraños poderes. A principios del siglo xx el científico Alec Holland trabaja en un laboratorio de Luisiana, en una formula biorestauradora que permitirá convertir los desiertos en bosque. Pero una bomba, colocada por un enemigo de Holland, inicia un fuego y fusiona los inflamables químicos con el cuerpo del científico. En medio del dolor por las quemaduras, Holland huye y cae en el pantano, de donde resurge, tiempo después, convertido en un humanoide vegetal. El origen podría bien relatar la vida de un villano, pero Holland debió causar una buena impresión en sus creadores, porque lo llevaron al lado del bien. Sus poderes (regeneración y transformarse en cualquier organismo vegetal del Universo), le permiten curar a Superman de un envenenamiento por una planta kriptoniana que le estaba volviendo loco y drenando todo su poder. (Si Superman tuvo que huir de Kriptón justo antes que explotara, ¿cómo llegó la planta a sus manos?)

Uno de los poderes de este ser es poder transformar en bosque un desierto. Por increíble que pueda parecer, la ciencia ha conseguido esto y son numerosos los científicos que, a diario, intentar convertir un paisaje yermo en un vergel. Veamos tres ejemplos de equipos científicos que trabajan, cada uno, desde una aproximación distinta.

Invasión verde

Primero el equipo formado por el biólogo celular Leonard Ornstein de la Escuela de Medicina del Monte Sinaí junto a David Rind e Igor Aleinov del Instituto de Estudios Espaciales Goddard de la Nasa. La propuesta de ellos es desalinizar agua de los mares que rodean el desierto del Sahara y construir acueductos para irrigar bosques de una variedad de eucaliptos (Eucalyptus *Grandis)* que soportan muy bien las altas temperaturas. Gracias a la cantidad de árboles, la temperatura de la región podría descender unos 8 °C y formar nubes que bloquearían la radiación solar capturando, al mismo tiempo, 8.000 millones de toneladas de CO_2 cada año (20 veces las emisiones de España en el mismo período). Actualmente los países que emiten más CO_2 del pactado por el acuerdo de Kioto, pueden comprar derecho de emisiones a países que emiten menos dióxido de carbono (algo así como comprar los puntos que nos han quitado por multas del carnet de conducir a alguien que los tiene todos). Este derecho se cotiza actualmente en unos 30 euros por tonelada. De este modo, si los países del Sahara pudieran vender estos derechos, sus beneficios no serían nada desdeñables: unos 240 mil millones de euros. Pero (siempre hay un pero y en este caso son varios), primero estos derechos no contemplan la absorción de CO_2 (al menos por ahora). Segundo, el costo anual de este proyecto asciende a unos 2 billones de euros anuales (mucho más de lo que podrían ganar vendiendo sus derechos de absorción) y, por si fuera poco, los árboles impedirían que las partículas de hierro presentes en la arena sean llevadas al mar por el viento y nutran la vida marina del Océano Atlántico y el Mediterráneo. Por último, el incremento de la humedad en la región, aumentaría la posibilidad de que plagas de langostas invadan no solo el Sahara, también el resto de África.

Palmeras regadas con agua de mar

El segundo proyecto es obra de Raju Thupran, un ingeniero paisajista de la Universidad de Ciencia y Tecnología Rey Abdullah. Su objetivo también se basa en plantar ciertas especies en el desierto, solo que Thupran lo hará con palmeras capaces de sobrevivir a base de agua de mar y de enfrentarse al gorgojo de la palmera, una plaga que infecta estos árboles y los seca. La inspiración la obtuvo al recorrer Arabia Saudita y darse cuenta que las palmeras crecen sin que nadie las irrigue y sin necesidad de lluvia. «Este tipo de palmeras —asegura Thupran— tienen la habilidad de soportar la sequía, de modo que si logramos identificar el gen responsable de esto podremos producir plantas que resistan la sequía y sobrevivan sin necesidad de agua.» La idea de este investigador es también aprovecharse de la resistencia de ciertas palmeras al gorgojo y la habilidad para nutrirse con agua salada para hacer un híbrido superresistente de la palmera datilera. Esto es de especial importancia para Arabia Saudita, el primer productor de dátiles del mundo.

En la Tierra como en el espacio

Finalmente, el tercer proyecto que busca teñir de verde las zonas más áridas de nuestro planeta (y quizás también de otros) se encuentra en el Centro de Astrobiología (CAB), en Madrid. Salvador Mirete trabaja

en el Departamento de Ecología Molecular. Allí investiga principalmente en el entorno de río Tinto, Huelva. Las condiciones de acidez y
el contenido de metales pesados del río hacen de este sitio algo así
como la estrella polar que marca el rumbo de la investigación en astrobiología aquí en nuestro planeta. Las bacterias que habitan río Tinto tienen genes resistentes a metales como el arsénico (que vale, no es
un metal, pero sí un metaloide, ya que tiene propiedades de estos elementos), el mercurio, el cadmio y otros. «Estamos centrados en implantar estos genes en bacterias como la *E. coli*, que son fácilmente
manipulables en laboratorios —asegura Mirete—. Nos interesan en
particular aquellos genes que tuvieran una resistencia alta al arsénico. Luego la idea es introducir estos genes en plantas transgénicas
para ver si pueden ser utilizados como herramientas de biorremedia-
ción (el proceso que utiliza microorganismos, en este caso bacterias,
para que un sitio alterado por condiciones ambientales adversas, recupere su condición original) y, para que puedan ser utilizadas en un
proyecto de *terraforming*: En un futuro estas plantas podrían llegar a
ser capaces de poblar otro planeta. Actualmente utilizamos arsénico
6. Pero en un futuro también exploraremos con cadmio, níquel y mercurio de modo que tengamos genes resistentes a un arco iris de metales tóxicos.» Pero los metales pesados no son los únicos enemigos
de la vida vegetal en la Tierra o en planetas con condiciones extremas.
¿Cómo harán para llevar plantas a un planeta con una temperatura
máxima de –5° C y mínima de –187° C? Obviamente Mirete, junto a
todo el equipo del departamento de Ecología Molecular ya están buscando respuestas. «Trabajamos con bacterias que resisten temperaturas extremas —confirma Mirete—. En este momento investigamos
con chaperonas, unas proteínas que protegen al resto de proteínas de
estrés ambientales; el calor, el frío, la acidez. Es la primera vez que estas proteínas se utilizan como marcadores para encontrar bacterias
que fueran resistentes a cambios extremos: una vez identificada esta
proteína en una bacteria, se extrae su ADN y luego, en un futuro se in-
corpora a plantas. Esto se utiliza actualmente en nuestro planeta,
para plantas que crecen en ambientes extremos, en el desierto, por
ejemplo.»

Transformar el desierto en selva puede que no sea tarea de un solo
hombre, pero vistos estos ejemplos, hay muchos científicos que trabajan para que sea una realidad que podamos ver muy pronto.

3.6. Hombre cosa

El hombre que susurraba a las plantas

Preparaos porque la historia de este personaje es más que compleja. De hecho parece ideada por el hijo que Shakespeare y Tim Burton podrían haber criado juntos. El doctor Theodore Sallis es un joven bioquímico que trabaja en un laboratorio de Florida, muy cercano a los pantanos Everglades (el mismo sitio donde trabajó durante un tiempo Connors, más tarde El Lagarto). En estas instalaciones se lleva a cabo el proyecto Gladiador que busca crear una poderosa pócima que permita convertir a un hombre normal en un supersoldado, como se hizo con Capitán América.

En el equipo con el que trabaja Sallis también está su prometida, la doctora Barbara Morse. La investigación es objeto de deseo de varias organizaciones criminales, pero la que está más cerca de hallar la ubicación exacta es la agrupación conocida como Ideas Mecánicas Avanzadas (AIM, por sus siglas en inglés). Una tarde Sallis decide burlar la férrea seguridad del recinto y llevar consigo a su amante, Ellen Brandt. Una vez dentro de las instalaciones, la trampa se descubre y la joven se revela como miembro de la organización terrorista AIM. Sallis logra destruir la fórmula y se hace con el único vial de suero que se había conseguido hasta el momento y, mientras es perseguido por los secuaces de Brandt, se lo inyecta y huye en su coche del laboratorio. Desafortunadamente para él, tiene un accidente en la carretera y su coche termina en un pantano donde los potentes químicos del suero y «fuerzas mágicas» (que más tarde serían descritas como «el resultado de que todas las realidades se hayan vuelto locas») lo transforman instantáneamente en una... Cosa que parece una planta humana, con ramas que salen de su cara y le dan apariencia de un elefante que tiene amoríos con una enredadera. Desde ese momento Sallis no puede hablar, tiene muy poca memoria de lo sucedido y no duda en atacar a los miembros del AIM que lo perseguían, incluida la joven seductora a quien le quema el rosto con un ácido que segrega cuando se encuentra bajo el poder de emociones violentas.

La mente del bioquímico aparentemente se extingue, solo en contadas ocasiones logra recuperar su personalidad, aunque siempre dentro de una monstruosa apariencia. A partir de este momento comienza a vivir sus aventuras: el pantano en el que había caído resulta ser un nexo hacia todas las realidades (lo que quiera significar) y Sallis se convierte en el guardián de este portal, tarea que lo enfrenta a demonios, fantasmas, guerreros de otras dimensiones y monstruos que se alimentan de contaminación. De algún modo extraño también aparece cerca del pantano la fuente de la juventud, aunque nunca queda claro qué papel juega en el argumento de la historia. Al igual que la aparición de un tal doctor Oheimer que intenta devolverle la personalidad a Sallis, pero es asesinado por el gobierno (nunca se da una razón para ello). Si os parce poco, el Hombre Cosa, pasa a formar parte de un triángulo amoroso que lo lleva al Himalaya y uno de los guionistas de este personaje, Chris Claremont, se presenta primero como un personaje de la historia y luego, directamente asume la identidad del héroe hasta que es asesinado por una espada mágica y… la historia se sigue complicando cada vez más y no pretendo ser aburrido.

La vida secreta de las plantas

La realidad es que el Hombre Cosa debería conocer a Ian Baldwin. Este biólogo del Instituto Max Planck de Ecología Química es conocido por el sobrenombre de «El hombre que susurra a las plantas». Él fue uno de los primeros en demostrar, allá por el año 1983, que las plantas se comunican entre sí. El descubrimiento se realizó analizando la respuesta de arces ante el ataque de animales que comían sus hojas. Cada vez que algún herbívoro se acercaba a un árbol, este «informaba» a sus compañeros de la presencia de un depredador. El resto de los árboles, entonces, comenzaban a producir taninos, una sustancia de sabor desagradable que los árboles almacenan en sus hojas y resultan dañinas para este tipo de animales. Las acacias también tienen un sistema similar para defenderse, en su caso de los kudus (herbívoros africanos). Aparentemente la comunicación comienza cuando las hojas de un árbol comienzan a ser víctimas del hambre de algún animal. En ese momento, las hojas aún intactas comienzan a emitir vapor de etileno que los demás árboles «huelen» y en respuesta comienzan a segregar taninos para protegerse.

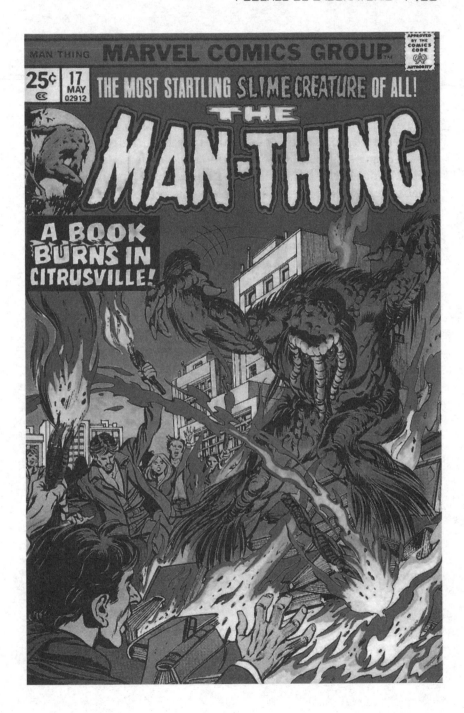

Avances a paso de oruga

Otro estudio, este realizado por Josef Stuefer de la Universidad Radboud, en Holanda, demostró que la comunicación de las plantas se llevó a cabo entre plantas de clavo. Stuefer cogió 30 orugas y las dividió en dos grupos. A las primeras se les dejaba comer solo una hoja de una planta, luego entraba en escena el segundo grupo, al cual se le daba a elegir entre la planta con la hoja ya agujereada por el voraz apetito de sus hermanas y otra planta con las hojas intactas. De las 20 pruebas realizadas con este experimento, la mayoría o casi todas de las 15 orugas prefirieron la planta intacta. De acuerdo con los científicos que realizaron la prueba, la comunicación en este caso funciona del siguiente modo: si una de las plantas es atacada por orugas, las plantas cercanas reciben una señal para aumentar su resistencia química, volviendo sus hojas más duras para masticar y menos apetecibles para las orugas. La conexión entre las plantas se establece a través de las raíces que exudan unas sustancias que alertan a sus hermanas. El defecto de este sistema que permite que muchas plantas estén comunicadas unas con otras (siempre que sean de la misma especie) es que los canales de comunicación también sirven para que un virus llegue de una planta a otra. Pero las plantas no solo hablan entre sí, también lo hacen con insectos. Por ejemplo se ha comprobado que la planta conocida como pallar o judía de Lima (*Phaseolus lunatus*) cuando es atacada por ciertos ácaros, libera una sustancia en el aire que atrae a insectos que se alimentan de los ácaros, vamos, que es capaz de pedir ayuda. Otras especies vegetales, como el maíz, el algodón o el tabaco también emiten sustancias que atraen a insectos para combatir a sus depredadores. Baldwin, el hombre que susurra a las plantas, está trabajando en «enseñarles» a hablar a plantas «mudas»: su objetivo es transferir los genes que permiten que el tabaco o el maíz emitan señales de auxilio a plantas más débiles para que ellas también puedan defenderse.

3.7. Deathlok

Con la mente en otro sitio

Una suerte de Pinocho de los superhéroes: un muñeco que busca su humanidad. El coronel Luther Manning es herido de muerte en el campo de batalla. Pese a ello, sobrevive para despertarse en un futuro apocalíptico en el que los restos de su cuerpo han servido para construir un organismo ciborg: Deathlok creado por el científico Simon Ryker. Cuando se da cuenta en lo que ha sido transformado, se escapa de su creador y sueña que recupera su humanidad. A partir de ese momento se enfrenta a las diferentes organizaciones responsables de llevar el caos a su país, viaja en el tiempo, combate contra mutantes, hombres lobo y se une a un Spiderman que también viaja en el tiempo. El cerebro de Manning no ha sido trasplantado a un robot, más bien su inteligencia ha sido aumentada informáticamente, por así decirlo. Por ello tiene la capacidad de conectarse con cualquier ordenador y hackear cualquier tipo de red al volcar sus pensamientos y su conciencia.

La terrible experiencia bélica de Deathlok hizo que fuera necesario trasplantar su cerebro para que (al menos una parte de él) pudiera seguir viviendo. Pero por más avances que la ciencia haya hecho en relación a trasplantes o a crecimiento de órganos, trasplantar un cerebro o aún desarrollar uno en un laboratorio es algo, por ahora lejano. Pero ¿es imposible?

Ponerse en la cabeza de otro

En 2010, el Laboratorio de Ingeniería de Tejidos de la Universidad de Minnesota desarrolló 70 hígados humanos viables. Se han hecho trasplantes de corazón, de riñones, de brazos y hasta de cara y en la década de los setenta, el equipo del neurocirujano Robert White ha llegado a trasplantar la cabeza de un mono Rhesus y ha logrado que sobreviva, consciente, durante más de una semana. Entonces... ¿es imposible? Por ahora sí. Hablemos primero de un trasplante de cerebro. Esto se haría en caso de que una persona tetrapléjica encontrara un donante con muerte cerebral por ejemplo. Pero por ahora los costes de aprender a reconectar todo el sistema nervioso de una persona «son prohibitivos —subraya el propio White—. Pero no es algo imposible. Estamos en los primeros 100 años de nuestro conocimiento acerca de trasplantes. ¿Qué puede ocurrir en los próximos 100? Aún no lo sabemos. Las implicaciones de este tipo de operaciones es algo que deberíamos discutir ahora, porque llegará». Intervenciones de este calibre

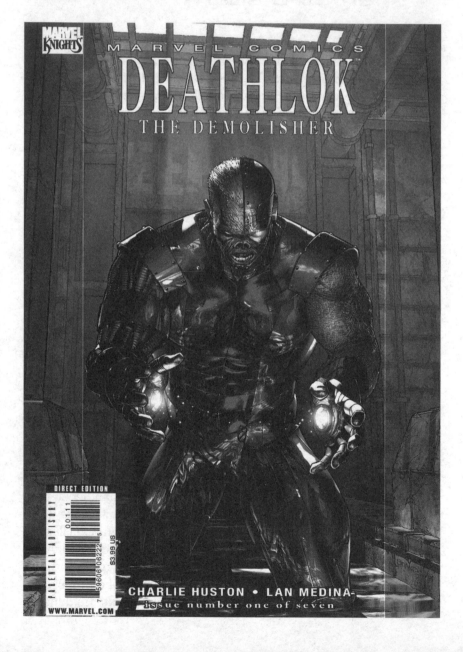

serían muy complejas, ya que se trata de estructuras que no solo están en la cabeza, sino también en el cuello, de acuerdo con White. En un artículo publicado en la revista *Scientific American,* es el mismo neurocirujano quien asegura que la técnica de separar cabeza y cuerpo ya está muy comprobada en pequeños animales. Y que pronto será hora de adaptar estos conocimientos a seres humanos.

Un trasplante muy raro

Para llevar a cabo este tipo de operación sería necesario mantener por un lado el cuerpo vivo y por otro también la cabeza. Para Evan Snyder, director del área de Células Madre y Regeneración Biológica del Instituto de Investigación Médica de Stanford, hay una pregunta que sería necesario hacerse: «¿Podríamos mantener una cabeza lo suficiente como para que esta piense y hable y todo lo que hagamos nosotros y utilizar los químicos adecuados para mantenerla en ese estado? Es raro… muy raro».

Pero la realidad es que por ahora, pensar en reconectar la medula espinal al cerebro, está fuera de nuestro alcance. Y las implicaciones psicológicas que podría tener en el trasplantado son enormes, aún mayores que las que se dan en quienes han vivido un trasplante de cara, una práctica quirúrgica en la que apenas si nos estamos adentrando.

¿Qué hay entonces de crear nuevos cerebros? La neurología ha demostrado que nuestros pensamientos y experiencias reconfiguran nuestro cerebro, es decir, anatómicamente nuestras vivencias lo redefinen, hacen que cambie su forma. Doris Taylor, del Laboratorio de Ingeniería de Tejidos de la Universidad de Minnesota asegura que podremos crear pequeñas zonas de un cerebro y que estas podrían llegar a reemplazar regiones afectadas por un tumor o un daño traumático. Para esta especialista hasta será posible restablecer las conexiones individuales a nivel neuronal, pero crear un cerebro entero… Eso no. Y la verdad es que de poco serviría. Sería un órgano funcional, pero sin las memorias que lo habrían «reconfigurado» no serviría para reconocer a nuestra familia, deberíamos aprender todo de cero. Pero estos conocimientos permitirían, de acuerdo con Evan Snyder, director del área de Células Madre y Regeneración Biológica del Instituto de Investigación Médica de Stanford, «que una persona con Parkinson recupere parte de la funcionalidad neuronal o que un cuadripléjico reactive funciones espinales que le permitan respirar mejor o mover sus extremidades, pero no podremos hacer un cerebro desde cero y simplemente trasplantarlo».

3.8. MR. FANTÁSTICO (REED RICHARDS)

Una mente muy flexible

Hijo de un científico, ya de pequeño comenzó a demostrar dotes prodigiosas para su edad. A los 14 años ingreso en el MIT (Instituto Tecnológico de Massachusetts), luego en Harvard, también en el Instituto Tecnológico de California, la Universidad de Columbia y la lista sigue solo para mostrar que a los veinte años, Reed tenía en su despacho varios doctorados en bioquímica, ingeniería, física, matemática. Desafortunadamente tanto conocimiento no le sirvió para prever la fuerte radiación cósmica a la que se enfrentaría la nave que lo llevó al espacio junto a los otros miembros de los 4 Fantásticos. A consecuencia del accidente, Reed ganó la habilidad de convertir su cuerpo en una sustancia maleable que le permite convertirse en un trampolín, un paracaídas o una bola gigante. Pese a lo increíble que estos poderes puedan parecer, para Reed «no son nada al lado de un intelecto» como le comentó en una oportunidad a Spiderman. Y no es extraño. Reed ha trabajado con dispositivos para viajar en el tiempo, trasladarse a otras dimensiones, o generar energía y mutaciones.

A pesar de la comodidad que pueda aportar, la realidad es que el colágeno (que forma nuestra piel) tiene un índice de elasticidad que nunca podremos cambiar y que difícilmente llegue a los niveles que exhibe este superhéroe. Esto sin mencionar que el calcio tiene una elasticidad aún menor. Por lo tanto, quienes a esta altura ya esperaban que algún científico haya descubierto el modo de convertirse en un paracaídas humano (una hazaña propia de Richard Reeds), se sentirán un poco desilusionados... A menos que descubran que una de las mayores proezas de este personaje ya es real. En uno de los primeros cómic de los 4 Fantásticos, Reeds asegura que ha sido capaz de crear vida... Y esto es, no solo posible sino que se ha hecho.

Nace una nueva vida

El ADN constituye los cimientos de la vida y está compuesto de cuatro bases (digamos cuatro ladrillos completamente diferentes): adenina, tiamina, guanina y citosina. La combinación de dos de ellas es, obviamente, un par de bases. Todas las células de tu cuerpo contienen ADN de hecho, contienen tanto que si lo estiraras formarían una hebra finísima de dos metros de largo. Y el cuerpo humano tiene unas 10.000 billones de células, por lo tanto, en tu cuerpo hay una cinta de unos 20 millones de kilómetros de ADN, suficiente para dar más de 1.500 vueltas al planeta. Y todo ese ADN está construido con solo 4 ladrillos combinados de tal modo que te hacen único. ¿Cómo es posible que tan pocos ladrillos hagan construcciones tan diferentes? En un fragmento de ADN muy pequeño hay 3.200 millones de letras (los ladrillos), esto es suficiente para dar miles de millones de combinaciones posibles (si quieres saber el número exacto, está cerca de un 1 seguido de 3.000 millones de ceros, una cifra que si quisieras escribirla deberías usar más de 5 millones de páginas). Imagina que tienes 800 millones de ladrillos rojos otros 800 verdes, y otros tantos azules y amarillos. Ahora ponlos en el orden que quieras, uno detrás del otro… ¿cuántas combinaciones posibles hay para ubicarlos? Ahí tienes la respuesta de porqué somos todos distintos. Un fragmento de ADN es básicamente un gen que contiene parte de la información genética que has heredado de tus padres. El total de esta información es lo que se conoce como genoma. Una vez que el ser humano ha sido capaz de recoger toda la información genética, el genoma, de una célula, el próximo paso obvio es manipular esos ladrillos. Y Ham Smith y Clyde Hutchinson del Instituto John Craig Venter (JCVI) lo han hecho y han creado una célula «artificial», una nueva forma de vida.

Receta para crear vida

Básicamente lo que han hecho estos científicos es trazar un mapa de cómo se ubicaban los ladrillos en una célula, luego coger uno por uno esos ladrillos y ordenarlos para trasplantarlos a otra célula. La nueva célula (que en realidad no es tan nueva, porque se ha hecho copiando otro genoma) sí tiene algunas diferencias respecto al original: se han eliminado 14 genes que evitan que se convierta en un agente infeccioso. También lleva unas marcas de agua (pequeños semáforos que lo señalan como copia) que permiten diferenciarlo de la célula original. Esta manipulación es solo el primer paso. Si ya somos capaces de reordenar millones de ladrillos y trasplantarlos a una célula para cambiar su información genética (es decir, todo lo que sus genes le «ordenan» hacer), de acuerdo con Craig Venter (uno de los responsables de descifrar el genoma humano), también podremos diseñar células que contengan información nueva para que desarrollen otras tareas. El plan de Venter, por ejemplo, es crear un tipo de alga que convierta el CO_2 de la atmósfera en combustible o diseñar otra célula que se alimente de deshechos y se utilice para limpiar ríos contaminados.

La pregunta que muchos científicos se hacen es si la vida es simplemente una sucesión ordenada de bases (los ladrillos) que podemos escribir en una hoja y luego introducirla en una nueva célula. Sea cual sea la respuesta, la realidad es que este tipo de avances nos han hecho cuestionar la definición de vida y de los mecanismos que la originan.

3.9. Mujer invisible (Susan Storm)

Ver para creer

Otra vida atormentada digna de un culebrón y claro, con un final feliz. Susan era hija de un prestigioso médico que, en un accidente de coche, pierde a su mujer. Creyéndose culpable de lo ocurrido (él conducía), comienza a dedicar su vida al juego y a la bebida, y termina perdiendo su licencia y en la cárcel. A partir de ese momento, Susan debe convertirse en una figura materna para su hermano Johnny (la Antorcha Humana), por lo que alquila algunas habitaciones de la gran casa y así es como conoce a Reed Richards, su futuro marido y el Hombre Fantástico, cuando apenas es una adolescente (algunas fuentes dicen que por entonces Susan tenía trece años, y otras, diecisiete). Pese a que el encuentro entre ambos dura unos meses, Susan, al hacerse mayor busca a Reed y realiza el trazo final en este círculo amoroso. Claro que una vez que regresan del espacio y con superpoderes, Susan comienza a mirar a su marido con otros ojos. Literalmente.

Avances que no podrán verse

Para cuando este libro esté impreso, seguramente se habrá descubierto algo nuevo en este campo, pero eso será lo único visible, porque los resultados serán invisibles. Y, aunque parezca extraño, es lo que persiguen los científicos que investigan en metamateriales: la invisibilidad. Un metamaterial es un material artificial cuyas propiedades provienen de su estructura y no de su composición.

Cuando hablamos de Superman y su imposible visión de rayos X, mencionamos el espectro electromagnético y señalamos que la longitud de onda de la luz visible se encuentra en un rango que va desde los 400 a los 700 nanómetros. Los científicos que investigan en metamateriales buscan uno cuya estructura esté basada en componentes que sean más pequeños aún que este rango. Los objetos visibles «aparecen» a nuestros ojos porque la luz rebota en ellos, esto se llama índice de refracción, cuanto menor es el índice de refracción de un objeto, más difícil es verlo. Un metamaterial cuya estructura tuviera componentes de un tamaño por debajo de los 300 nanómetros haría que la luz, en lugar de refractarse en él, lo rodeara, como si fuese una piedra en medio de un río volviendo invisible lo que el material cubriera. Pues ese metamaterial ya existe. Y lo han conseguido dos equipos de científicos distintos. Pese a que este logro ya se había alcanzado en el año 2006, lo extraordinario de estos casos es que han diseñado metamateriales flexibles, algo que lo convierte en un material de usos ilimitados. Por ejemplo, una capa de invisibilidad. Para comprender cómo funciona imaginaros que un metamaterial tiene celdas tan pe-

queñas que cuando las ondas de luz entran por ellas, quedan atrapadas allí y no tienen otro remedio que seguir el camino que dibujan estas celdas.

Vencer la luz

El primer grupo de investigadores está formado por el equipo de físicos de la Universidad St. Andrews de Escocia, liderados por Andrea di Falco. Ellos han conseguido crear un metamaterial a base de un polímero y una base de siliconas que han denominado Metaflex. Por ahora la pieza más grande que han conseguido de Metaflex es de 5 x 8 milímetros, pero esto basta para volver invisible cualquier objeto que se encuentre debajo de él. De acuerdo con Di Falco, la estructura que compone el Metaflex puede reducirse hasta unos 100 nanómetros (lo cual serviría para ocultar todas las ondas visibles del espectro electromagnético), pero aún desconocen cuál es el máximo tamaño en el que podría hacerse y es esta limitación la que están buscando vencer ahora mismo.

¿Cómo se ve lo invisible?

El segundo equipo está liderado por el físico John Pendry, quien ya en 2006 propuso la idea de una capa de invisibilidad y por Stefan Maier, uno de los líderes mundiales en tecnología de onda electromagnética. Para Pendry aquí está la clave del futuro de este campo ya que «durante cientos de años hemos utilizado la química para alterar materiales y hemos llegado tan lejos como pudimos. Pero la realidad es que hay muchas más propiedades que se pueden cambiar alterando la estructura del material. Hace años anticipé que esta tecnología conseguiría aquello que ya hemos alcanzado, solo que mejor y más barato». Y allí se dirigen.

Pero esta técnica basada en metamateriales también permite «ver lo invisible». Para lo que podemos ver existe un límite físico que no se puede sobrepasar debido al límite de difracción: no se pueden ver objetos menores que la longitud de onda de la luz empleada. Si un objeto mide menos de 200 nanómetros es imposible verlo (a menos que se utilicen microscopios electrónicos) porque son más pequeños que la onda de la luz. Pero este límite puede eludirse si se recogen las ondas evanescentes que quedan en la superficie de los objetos: cuando la luz choca con ellos deja restos de esta colisión, pero estos son tan pequeños que son indetectables a simple vista. Dos equipos, uno de la Universidad de Maryland dirigido por Igor Smolyanivov y otro que lidera Xiang Zhang, de la Universidad de Berkeley se han servido de los metamateriales para crear superlentes con ellos. Esto les permite ver lo que hasta ahora permanecía invisible a nuestros ojos (¿el contrahechizo para la capa de invisibilidad?). Los científicos de la Universidad de Maryland han conseguido lentillas con una estructura de 70 nanómetros, mientras que los dirigidos por Zhang «solo» han logrado uno de 130 nanómetros. Esto les permitirá detectar algo tan pequeño como un virus y, en el futuro, puede que estas superlentes sean suficientes para ver nuestro propio ADN.

3.10. Antorcha Humana (Johnny Storm)

El Ave Fénix

No es extraño que, debido a una fuerte radiación cósmica, el hermano menor de la Mujer Invisible, se haya transformado en la Antorcha Humana: su vida fue (¿o es?) puro fuego y pareciera resurgir siempre de las cenizas. Veamos algunos ejemplos. Johnny tiene una relación romántica con la escultora ciega Alicia Masters (antigua novia de La Cosa), pero más tarde se comprueba que no es la verdadera Alicia, sino una espía alienígena. Pese a ello, ambos se enamoran y se casan. ¿Buen final? No tanto. De la unión nace un hijo, que resulta ser un arma enviada por los alienígenas para los que espiaba la ficticia Alicia, pero los 4 Fantásticos logran vencer este «arma». Por si el culebrón no fuera suficiente, en un capítulo, Johnny se sacrifica para vencer al villano Onslaught... Pero obviamente no muere, sino que es llevado a una realidad alternativa, de la que regresa más tarde. Y a algunos todavía les sorprende el final de Sexto Sentido.

Vivir entre cenizas

Puede que sea desilusionante, pero aún no se ha inventado la piel ignífuga, la sangre que no hierve por encima de los 100 ºC y el cabello que se regenera después de pasarlo por una barbacoa media hora. Pero... hay otras alternativas científicas para acercarse al menos al poder piroquinético del más joven de los 4 Fantásticos. En el capítulo de Richard Reeds, cuñado de Johnny, hemos visto cómo funciona el ADN y lo que la ciencia está haciendo para crear vida o para mutar organismos dotándolos de características propias de otros. ¿Hay organismos que nos permitan tener una temperatura similar a la de la Antorcha Humana? La verdad es que alcanzar los 5.000 ºC y que nuestros cuerpos (y el de quienes estén a nuestro alrededor) resistan el impacto es algo inimaginable... a menos que aspires a convertirte en una central térmica humana. Pero quizás sea posible elevar varias decenas de grados nuestra tolerancia a las temperaturas extremas.

Subiendo la temperatura

A los 42 ºC nuestro cuerpo comienza a sentir los efectos del calor: las proteínas pierden su estructura y ya no pueden recuperarla, se desnaturalizan. A esta temperatura nuestro ADN comienza a fundirse. Y cuando el cuerpo alcanza los 21 ºC, la hipotermia nos mata. Esto sucede por algo que probablemente habéis comprobado cuando congelabais cubitos de hielo: el volumen de un cubo de hielo es mayor que el del agua en estado líquido. Las moléculas del agua (H_2O, es decir dos moléculas de hidrógeno y una de oxígeno), cuando pasan a estado sólido, se enlazan más fuertemente unas con otras (lo hacen con más «puentes», pero esto no tiene por qué preocuparte) y ocupan

más lugar, su posición es más rígida. En estado líquido, las moléculas se van moviendo y ocupan el lugar que han dejado otras, haciendo un uso del espacio más eficiente. Cuando nuestras células se congelan, el líquido en su interior ocupa más volumen y los cristales de hielo rompen sus membranas y mueren. Al igual que nosotros. Para evitar esto hay peces e insectos que tienen un anticongelante en sus fluidos formado por alcoholes y azúcares (también habrás comprobado que el alcohol tiene un punto de congelación más bajo que el agua, esta se congela a 0 ºC y el alcohol a –114 ºC). Los animales que viven donde hacen mucho calor, también tienen estrategias para enfrentarse a estos extremos: los perros, por ejemplo, transpiran por la lengua, en África, los elefantes refrescan su sangre haciéndola pasar por sus enormes orejas (esto disipa el calor), mientras el tucán por increíble que parezca, transpira a través de su pico. Pero todavía no hay humanos con picos, no resultará agradable ver a tus amigos transpirando por la lengua y nuestra orejas nunca serán lo suficientemente grandes como para disipar el calor (bueno, las mías quizás sí).

En los extremos de la vida

Pero existen otros organismos que son capaces de sobrevivir a temperaturas a las que los humanos cocinamos los alimentos o congelamos las bebidas. Y más extremas aún. De hecho, uno de sus nombres populares son extremófilos, pero son más conocidos como tardígrados u osos de agua.

Los tardígrados tienen sustancias especializadas en su cuerpo que les ayudan a recomponer la estructura de una proteína que se hubiera desnaturalizado y así pueden restaurar sus funciones. Este estrategia de supervivencia les permite vivir a temperaturas gélidas, como los –272 ºC y a calores ardientes, como los 151 ºC. Claro que para ello reducen el contenido de agua en su cuerpo casi a cero y prácticamente paralizan su metabolismo, esperando que las condiciones sean un poco más favorables. Bien… ¿y a qué viene todo esto y qué relación tiene con las investigaciones en ADN? Supongamos que fuéramos capaces de dotar a nuestras células de un anticongelante similar al de ciertos peces que viven a –50 ºC. O que pudiéramos recomponer nuestras células cuando estas sobrepasaran los 100 ºC. Seríamos superhéroes. Nunca alcanzaríamos los 5.000 ºC de Johnny Storm pero el calor que podríamos soportar (por ejemplo con trajes térmicos) nos podría hacer volar del mismo modo que vuela un globo relleno de aire caliente.

Al cielo con Arquímedes

Lo que hace volar a un globo aerostático es el principio de Arquímedes. Esta ley física afirma que todo cuerpo sumergido en un fluido experimenta un empuje vertical y hacia arriba igual al peso de fluido desalojado. Pese a que habitualmente pensamos en un fluido como algo líquido, los gases también son fluidos. El aire caliente del globo, al ser menos denso que el aire frío que lo rodea, experimenta un empuje vertical que será mayor (es decir, que le permitirá elevarse más alto), cuanto más fluido desaloje (cuanta más superficie tenga y más aire caliente sea capaz de contener). Para saber cuánto podría elevarse un globo hay que tener en cuenta que, aproximadamente un incremento en la temperatura de 38 grados podrá levantar 7 gramos. Si un metro cúbico de aire pesa unos 84 gramos y calientas ese mismo aire 38 grados pesará 21 gramos menos. Así, cada metro cúbico de aire contenido en un globo puede levantar 21 gramos de peso (siempre y cuando se eleve su temperatura, claro). Para lograr que 80 kilos se eleven en el aire serían necesarios, entonces, unos 4.000 metros cúbicos. Por lo tanto, por más que seamos capaces de elevar nuestra temperatura gracias a los genes de tardígrados, necesitaríamos un traje de 4.000 metros cúbicos para volar. Y aún así seríamos incapaces de dirigir nuestro vuelo.

3.11. Capitán América

El supersoldado

No es extraño que este superhéroe haya sido creado en 1941. En el apogeo de la Segunda Guerra Mundial, Estados Unidos aún no se decidía a participar de la contienda, pero el enemigo ya tenía nombre: el Tercer Reich. Steven Rogers es un joven dibujante que intenta enlistarse en el ejército, pero su débil constitución es un motivo de fuerza para rechazarle, aunque la convicción de ayudar a su país lo convierte en el candidato ideal para una prueba: la Operación Renacimiento. Un voluntario será inyectado con un supersuero que lo convertirá en el mejor soldado posible. Así el enclenque Rogers se convierte en un «ser humano perfecto» capaz de alcanzar los límites más altos del potencial humano. Así nace Capitán América. Como tal es capaz, entre otras cosas, de levantar 500 kilos y correr 1.600 metros en poco más de un minuto.

Su traje está hecho de un material ignífugo y utiliza un chaleco antibalas de «duraluminio», pero su arma por excelencia es su escudo. Hecho de una aleación de vibranium y acero, fue forjado por el científico Dr. Myron MacLain como protección para tanques, pero solo se forjó una vez y por accidente. Los intentos de descubrir su composición fallaron y por ingeniería inversa lo más lejos que llegaron fue a crear el adamantio, el elemento que constituye el esqueleto de Lobezno.

Lo que esconde el suero

Afortunadamente la ciencia avanza. De no ser así, el suero de supersoldado que convirtió a Capitán América en quien es, hubiera tenido otras consecuencias. En aquellos tiempos, en los años cuarenta, el coctel que se le administró a este personaje seguramente hubiera estado hecho de hormonas que lo habrían convertido en cualquier cosa, menos en un superhéroe. Los efectos secundarios de administrar este tipo de droga le hubieran incrementado sus niveles de colesterol, producido acné en todo su cuerpo, lo cual no es algo no tan grave comparado con la reducción de sus testículos o el desarrollo de dos perfectos y femeninos pechos. Además de un comportamiento impredecible y violento nada adecuado para un bienhechor. Afortunadamente, como decíamos, la ciencia avanza y el especialista en medicina y terapias génicas de la Universidad de Pensilvania, Lee Sweeney es prueba de ello. Este joven médico, de unos cuarenta años, es el hombre más solicitado del mundo por atletas de élite y entrenadores debido a sus hallazgos. Sweeney ha desarrollado diversos tratamientos que detienen el envejecimiento muscular, lo que en personas jóvenes se traduce en músculos más sanos, es decir, más eficientes. Mucho más eficientes. Sweeney trabaja con terapia génica, un tratamiento médico que introduce genes nuevos o modificados en las células de los

pacientes. Aunque todavía no se ha probado clínicamente, debido a que la terapia génica actúa directamente en el ADN, los efectos podrían durar meses, años e incluso toda la vida. Uno de los trabajos más conocidos de Sweeney, fue el inyectar el gen del factor de crecimiento insulínico de tipo 1 (IGF1 por sus siglas en inglés) en las células musculares de ratones viejos y jóvenes. Los jóvenes ganaron un 15% de fuerza y masa muscular, mientras que los viejos incrementaron su fortaleza en un 27%.

Superratones al ataque

Otra área en la que trabaja este experto es en la inhibición de la miostanina, una proteína que contrarresta los efectos del IGF1. La ausencia de miostanina no solo incrementa la masa muscular, sino también impide que se acumule grasa. Pero no solo en el crecimiento muscular está la clave para el suero supersoldado del Capitán América. También es necesario incrementar la resistencia. Y allí se encuentra el objetivo de un equipo de científicos del Instituto de Estudios Biológicos Salk, en California, que han identificado dos nuevos compuestos para reducir el cansancio. Uno de ellos es una lipoproteína muscular llamada PPARdelta que, probada en ratones, les permitió, después de unas semanas de entrenamiento, correr un 68% más tiempo y un 70% más lejos (es decir, no solo se incrementó la distancia, sino también la velocidad). El siguiente «ingrediente» para el suero de supersoldado es una enzima llamada AMPK, que también fue testada en roedores y les permitió correr una distancia 44% mayor y durante un 23% más de tiempo. ¿Cuál es la diferencia entre ambas sustancias? Que la AMPK no precisó de ningún entrenamiento para elevar la resistencia.

Puede que estemos cerca de hallar una pócima milagrosa, pero afortunadamente los científicos no se centran en ello (aunque muchos gobiernos sí por sus implicaciones militares). Los investigadores buscan una solución a problemas como la distrofia muscular. Y la clave podría encontrarse en un niño alemán que nació con una alteración genética: su cuerpo no produce miostanina. Esto hace que tenga el doble de masa muscular que cualquier niño de su edad y la mitad de grasa. La mutación genética, de acuerdo con el genetista See Jen Li, podría servir para curar la distrofia muscular y también la diabetes y la obesidad.

3.12. SPIDERMAN

Pendiente de un hilo

Peter Parker es un aplicado estudiante de instituto que vive con su tío Ben y su tía May. En una feria de ciencias recibe la picadura de una araña radiactiva (y no, a quienes llevaron la araña radiactiva no les pasó nada). Cuando la fiebre y el dolor pasan, Parker se encuentra que tiene la agilidad y la fuerza proporcional de una araña y la habilidad de trepar por las paredes. Sus conocimientos de ciencia le capacitan para desarrollar un hilo que dispara a través de pequeños cañones que lleva en su muñeca y le permiten trasladarse mientras se balancea en un extremo del hilo. Parker completa su nueva personalidad con un disfraz que lo convierte en una estrella de la televisión. Pero en una de sus apariciones deja escapar, indiferente, a un ladrón que irónicamente es quien asesina a su tío Ben. Las últimas palabras que salen de sus labios son: Un gran poder conlleva una gran responsabilidad. Es a partir de ese momento cuando Parker decide tomarse en serio su «accidente» y se convierte definitivamente en un superhéroe. Al menos mientras luce su traje, porque el resto del tiempo lucha por llegar a fin de mes, por declararse a su amor de juventud y por tener éxito como fotoperiodista.

Cuando Peter Parker se viste de Spiderman, recorre la ciudad colgado de un hilo de tela de araña del grosor de un dedo, que le permite balancear sus (supongamos) 80 kilos.

¿Es esto posible? Sí. La seda de la tela de araña es el material natural más resistente conocido por el hombre. ¿Tan fuerte? Pues sí. El biólogo Rainer Foelix, en su libro *Biología de las arañas*, asegura que un hilo de seda de araña debería tener 80 kilómetros de largo para romperse por su propio peso. Pero hay más. Las arañas fabrican hasta 7 tipos distintos de seda con idéntico número de glándulas diferentes. ¿Para qué tantas? Cada seda tiene un uso específico; una de ellas, de gran resistencia, es la que utiliza para colgarse de los tejados, es su «hilo de la vida». Otro hilo está diseñado específicamente para absorber el impacto de cualquier insecto que choque contra él sin romperse y sin comprometer la estructura de la red. Un tercer hilo sirve de «armazón» a la red uniendo características de rigidez y elasticidad en proporciones adecuadas.

Hilando fino

El hilo de la vida, por ejemplo, está compuesto de dos proteínas distintas, que contienen, a su vez, tres zonas con propiedades diferentes. Una de ellas forma una matriz sin forma que le permite estirarse, pero en medio de esta sección amorfa hay dos áreas con una composición más rígida que le da mayor solidez. Imagina que tienes una banda elástica de un metro de largo y cada dos centímetros le añades un hilo de pesca: conservas gran parte de la elasticidad, pero la vuelves mucho más resistente.

Gracias a estas propiedades la seda de araña es unas cinco veces más resistente que el acero y dos veces más que el kevlar comparando piezas del mismo peso. Por si fuera poco se puede estirar hasta un 30%

sin perder sus propiedades. El bioquímico Ed Nieuwenhuys ha calculado que un hilo del grosor de un lápiz y de 30 km de largo sería suficiente para detener un Boeing 747 que está aterrizando. Para frenar uno en pleno vuelo sería necesario que el hilo tuviera 500 kilómetros de largo. Y para ello se necesitarían más de 100.000 millones de araña trabajando a destajo durante un año… A menos que se tengan cabras.

Camarero, ¡tengo una araña en mi leche!

La compañía canadiense Nexia ha introducido en cabras (y también en vacas) el gen que les permite a las arañas fabricar la proteína para su tela. Cuando las vacas son ordeñadas, en su leche se encuentra esta proteína en grandes cantidades. Por un complicado sistema de síntesis, los bioquímicos logran «deshilar» la proteína de la leche y luego hilarla para fabricar «bio-acero» en grandes cantidades. Claro que si no se tiene cabras la solución es Spectra. Este polímero es, a nivel microscópico, prácticamente idéntico a la tela de araña. De hecho, una reciente prueba ha demostrado que un hilo de Spectra del grosor de tres lápices ha sido capaz de levantar 6 coches al mismo tiempo, por lo tanto, un hilo de Spectra del grosor de un cabello humano, nos permitiría balancearnos por la ciudad sin problema. Pese a ello, este polímero aún está muy lejos de alcanzar la resistencia de la tela de araña que soporta unos 20.000 kilos por centímetro cuadrado (que sí, que es la fibra natural más resistente conocida por el hombre) y aún así sus aplicaciones son innumerables. Al igual que las de la tela de araña. El químico Thomas Scheibel, de la Universidad de Munich, está interesado en la construcción molecular de este tipo de seda. Su resistencia ha inspirado a Scheibel para buscar crear un papel con las mismas características moleculares de la tela de araña (resistencia extrema y a la vez elástica) y aplicarlo para hacer papel moneda: «Sería un material perfecto, ya que se puede doblar pero no romper. O por ejemplo en la industria del automóvil, ya que es un material que absorbe los impactos y luego recupera su forma, las carrocerías del futuro podrían estar basadas en él». Scheibel también quiere aprovechar que es más duro que el Kevlar para crear chalecos antibalas, mucho más livianos, flexibles y eficaces. Pero la investigación en tela de araña no se detiene aquí. Al ser un producto biodegradable y resistente, se podría utilizar como sutura superfina para cirugía ocular. Quizás, el negocio del futuro no sea invertir en tecnología, sino en cabras con genes de araña.

3.13. La cosa (Benjamin Jacob Grimm)

Cuestión de piel

Su autobiografía tiene mucho de la vida del propio Jack Kirby, su creador junto a Stan Lee. Ambos crecieron en el Lower East Side de Manhattan, y sufrieron la muerte de un hermano mayor a manos de una banda local. Afortunadamente, para Kirby, aquí terminan las coincidencias. El talento de Grimm para el fútbol (americano, obviamente), le permitió obtener una beca en la universidad. Allí conocerá al que será su mejor amigo, Reed Richards (el hombre elástico de los 4 Fantásticos) y también a su peor enemigo: Víctor Von Doom, el Dr. Muerte. Pese a que en las dos películas recientes de los 4 Fantásticos, Grimm parece ser un personaje un poco bruto y cuya baza más fuerte es su fortaleza física, en realidad se graduó en varias especializaciones de ingeniería y fue entrenado como piloto de pruebas por los marines. Después de un tiempo sin verse, Grimm y Richards vuelven a contactarse cuando este último regresa como científico para cumplir una promesa: que Grimm sea su piloto en un vuelo espacial. Ambos, junto a Susan Storm (futura mujer de Richards y de ahora en adelante la Mujer Invisible) y su hermano, Johnny Storm (la Antorcha Humana) se embarcan en un viaje que cambiará su vida (o al menos el mundo del cómic). Cerca del cinturón Van Allen, la nave es bombardeada por rayos cósmicos para los que no tienen protección. Los rayos alteran el ADN de la tripulación dotando a cada uno, de un poder único. Pero Grimm se lleva la peor parte; mientras sus tres compañeros conservan su aspecto humano, el cuerpo de Ben se transforma en una masa de roca que si bien le brinda una fuerza descomunal (equiparable a la de Hulk), también lo convierte en un monstruo a los ojos del resto del mundo.

Una dolencia real

Desafortunadamente la apariencia de Ben Grimm no es exclusiva del mundo del cómic. Su cuerpo, semejante a fragmentos de roca unidos, guarda cierta relación con una enfermedad que existe en la realidad y hace que quienes la sufren tengan la piel con la textura de una piedra. Esta dolencia se conoce como escleroderma y se debe a la producción excesiva de colágeno. Quienes la padecen no solo ven como su piel se endurece, también sus articulaciones se tornan más rígidas (lo que causa fuertes dolores) y si se complica produce fallos cardíacos o renales. Dos tercios de los pacientes con escleroderma tienen dificultades respiratorias. La enfermedad también se puede trasladar al sistema digestivo haciendo difícil tragar alimentos. La escleroderma no es contagiosa, pero tampoco tiene cura ya que se desconoce su causa. Solo se sabe que es más común entre mujeres y que se detecta entre los 30 y los 50 años. Al ser una dolencia autoinmune, el tratamiento más eficaz son los inmunodepresores. Básicamente lo que ocurre es que ciertas células del cuerpo mueren y son inmediatamente reemplazadas por colágeno (la proteína más abundante en nuestra piel) creando un exceso de esta proteína que hace que la piel (y más tarde otros órganos) se tornen rígidos. El primer caso inequívoco de escleroderma documentado fue descrito un médico italiano, Carlo Curzio, en 1753. Curzio diagnosticó a una mujer de 17 años cuya piel se había endurecido en zonas cercanas al rostro. El tratamiento que le recomendó fue sangrarle los pies, darse baños de leche tibia y vapor y pequeñas dosis de mercurio. Casi un año después, los síntomas habían desaparecido.

La madre de todas las células

Actualmente los especialistas investigan diversas posibles curas. Por ahora, la más prometedora es la relacionada con células madre que podrían revertir la escleroderma. ¿Cómo funciona esto? Las células madre son aquellas capaces de transformarse en las células que forman cualquiera de nuestros órganos. Se pueden renovar constantemente, de modo que bastan unas pocas células madre para que en poco tiempo (unos meses son suficientes) haya millones de ellas con idénticas características. En este sentido son como una tienda de Ikea: allí se encuentra toda la información para construir los muebles de nuestro hogar (los órganos) y cada poco hay uno nuevo. Esta habilidad única para crear cualquier tejido u órgano las convierte en una solución deseada, y buscada, por quienes sufren enfermedades degenerativas, como el Parkinson, el Alzheimer o la diabetes. En España por ejemplo, en el año 2000, Bernat Soria, director del Instituto de Bioingeniería de la Universidad Miguel Hernández, logró a partir de

células madre embrionarias de ratones, generar las células encargadas de segregar insulina (células beta), un éxito notable de cara a la
cura de la diabetes.

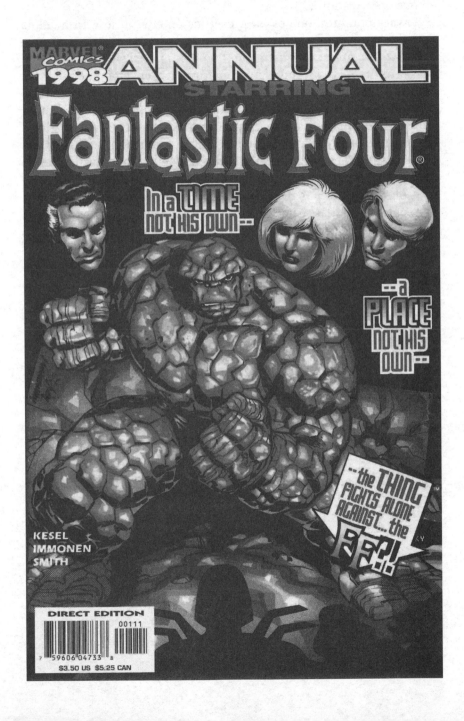

División celular

¿Cuál es el problema entonces? Las células madre se pueden dividir en tres tipos distintos:

Las totipotentes, que están presentes en el embrión. Una célula madre totipotente no solo puede formar cualquier órgano, sino que es capaz de generar un organismo completo por sí sola. Luego están las pluripotentes, que pueden transformarse en cualquier órgano, pero ya no tienen la capacidad de generar un organismo. Y por último las multipotentes, que si bien son capaces de diferenciarse en células de otro tipo, solo lo pueden hacer dentro de su propia «categoría». Con ellas se puede formar nuevo tejido para un riñón, solo si proceden de este. No es posible conseguir, por ejemplo, que formen tejido óseo o cardíaco. Lógicamente, las más buscadas son las totipotentes y las pluripotentes por su capacidad para generar cualquier órgano, pero para obtenerlas se necesita un embrión viable y aquí es donde la medicina y la ética deberán llegar, en algún momento, a un consenso en común.

3.14. Dr. Manhattan

Hombre de azul

Jonathan Osterman nació en 1929. Su padre era un relojero y ese sería el destino de Jonathan de no ser por una tragedia mundial: las bombas de Hiroshima y Nagasaki. La magnitud de lo ocurrido es tan grande que su padre se da cuenta que ya nada será igual, ni siquiera el tiempo será visto del mismo modo, por lo que obliga a su hijo a estudiar física nuclear y especializarse en los «campos intrínsecos» de los objetos. De acuerdo con la «ciencia del cómic» estos campos serían los que mantienen unidos a los átomos de, por ejemplo, nuestro cuerpo. Jonathan se gradúa y entra a trabajar en un laboratorio donde conoce a su futura novia: Janey Slater. El idilio duraría muy poco. Solo un mes después de conocerse Jonathan queda atrapado en una cámara de experimentación de «campos intrínsecos» y su cuerpo es despedazado y vaporizado instantáneamente por la fuerza del generador de rayos. El Dr. Osterman es declarado muerto. Pero la verdad no es esa pues en muy poco tiempo comienzan a sucederse extraños hechos en el laboratorio: algunos aseguran ver un masa formada solo por un sistema nervioso, otros señalan que es un cuerpo, pero tiene un sistema circulatorio, más tarde el cuerpo ya tiene huesos y músculos y al poco tiempo aparece Jon, totalmente azul y con la capacidad de reconfigurar los átomos de su anatomía y de todo lo que le rodea, incluidos el espacio y el tiempo. Y para dejar muy claro quién es, con su dedo índice se marca en la frente el esquema de un átomo de hidrógeno.

Relativamente rápido

En la película estrenada en el 2009, el Dr. Manhattan declara su imposibilidad para ver el futuro o el pasado debido a una fuerza que bloquea los taquiones. ¿Es posible esto? y, más importante aún, ¿qué son los taquiones?

Para ambas respuestas hay que recurrir a la física. Los físicos teóricos, al estudiar la teoría especial de la relatividad, han sugerido que ciertas consecuencias de esta teoría podrían ser explicadas gracias a unas partículas que nunca se desplazan a velocidades inferiores a las de la luz. Así, estas partículas, los taquiones, parecería que por su velocidad son capaces de viajar en el tiempo. Lo que sucede puede parecer contraintuitivo pero funciona del siguiente modo. Sabemos que cuanto más se acerca una partícula a la velocidad de la luz, más lento transcurre el tiempo para ella. Una vez que alcanza la velocidad de la luz, el tiempo se detiene (aunque parezca increíble un fotón que se haya originado en el Big Bang y haya sido despedido a la velocidad de la luz, no habría envejecido ni un segundo en casi 14.000 millones de años). Y, si por algún motivo misterioso y contrario a lo que hemos explicado con Flash (no se puede ir más rápido que la velocidad de la luz porque se necesita una energía infinita para impulsar una masa infinita) la partícula pudiera sobrepasar esta velocidad y convertirse en superlumínica, empezaría a retroceder en el tiempo, pues si a medida que nos acercamos a esta velocidad el tiempo se ralentiza y cuando la alcanzamos se detiene, la lógica indica que cuando la sobrepasamos, el tiempo retrocede. Una teoría bonita, pero imposible.

Si estas partículas existieran (hasta el momento no se han encontrado), y si el Dr. Manhattan fuera capaz de conectarse con ellas de algún modo, sería posible que viera eventos de otros tiempos. Rizando el rizo y, si el Dr. Manhattan de veras las ha hallado, habría que preguntarse por qué no las descubrió antes, pudiendo anticipar eventos o por qué no evitó su accidente.

Las Cuatro Fantásticas

Ahora vayamos con los de los campos intrínsecos. En la naturaleza existen cuatro interacciones o fuerzas, la gravedad, la fuerza electromagnética y la fuerza nuclear fuerte y débil.

La más fuerte de todas ellas, a nivel atómico, es la nuclear fuerte, 100 veces más que la electromagnética y cien mil veces más que la nuclear débil. La más débil de todas es, obviamente la gravedad que es un millón de billones de billones de billones (un 10 seguido de 42 ceros) más débil que la electromagnética. Es esta última fuerza, la electromagnética, la que mantiene a nuestros átomos unidos. Ahora imaginaos la fuerza necesaria para que una nave espacial doblegue la fuerza de gravedad y multiplicadla por un 10 seguido de 42 ceros… Esta sería la energía que un laboratorio debería crear para romper los campos intrínsecos. Sería necesario un acelerador de partículas un billón de veces más potentes que el CERN para lograr esto. Algo que

obviamente está fuera de nuestro alcance. Pero, si se pudiera hacer, las consecuencias sería que Dr. Manhattan sería desintegrado a un nivel subatómico y no podría volver a recuperar su forma.

Pero, afortunadamente siempre hay un pero, la desintegración de sus átomos podría hacer que al reconstruirse perdiera electrones de alta velocidad que le darían una apariencia azul en un fenómeno que se conoce como radiación de Cerenkov. Básicamente esto sucede cuando una partícula (y ahora vais a querer matarme pero esperad que termine) viaja a una velocidad mayor que la de la luz en un medio determinado (la velocidad de la luz en el agua es menor que en el aire, por ejemplo). El resultado de esto es similar a la explosión que se ve cuando se rompe la barrera del sonido.

3.15. La Visión

El ser humano artificial

Este es un claro caso de venganza en escalera. Este androide fue crea-do por el también robot Ultron con el propósito de vengarse de su crea-dor, el conocido Dr. Henry Pim (Hombre Hormiga o Ant-Man) y de la esposa de este: Janet Van Dyme (nombre real de La Avispa, The Wasp), ambos miembros del equipo de superhéroes Los Vengadores. Solo que al pobre Ultron, el tiro le sale por la culata: su creación se entera, a par-tir de los patrones cerebrales de la Mujer Maravilla, de los planes de su padre putativo y se une a Los Vengadores en contra de este. Su nombre se lo puso la propia Janet cuando, en su primer encuentro, trata de huir de él, mientras lo describe como una visión. Pese a ser un androide, su cuerpo tiene órganos vitales, todos ellos construidos con materiales sintéticos y una joya en la frente con la cual recolecta la energía solar para poder hacerlos funcionar. Pese a lo que pueda parecer, la joya no es tan interesante como los órganos artificiales que la biotecnología médica ya está fabricando. Veamos algunos ejemplos.

Técnicas para crear un cuerpo humano

Jeff Borenstein es un especialista en micromáquinas del Laboratorio Draper en Cambridge y es uno de los pioneros en intentar crear un ór-gano artificial en 3D que contenga todos sus vasos sanguíneos. Esto es algo fundamental, ya que mientras es relativamente fácil crear teji-dos o sangre artificial, un hígado o un riñón necesitan un sistema de riego que le provea de oxígeno para no morir. La aproximación de Bo-renstein se basa en un tipo de goma transparente con la que se cons-truye un armazón externo y biodegradable que contenga al órgano y una red interna de capilares. Cuando se le inyecta una solución de cé-lulas, nutrientes y oxígeno, los capilares despiertan a la vida forman-do un sistema de tejidos y vasos que algún día se puede convertir en un corazón. Por el momento Borenstein logró crear un cubo de ocho centímetros (como un cubo Rubik) con esta técnica.

Por su parte la ingeniera de tejidos Sangeeta Bhatia, del MIT se acerca al problema de un modo totalmente distinto. En lugar de llenar con células un armazón, Bhatia combina células de hígado con un polímero sensible a la luz llamado glicol polietileno. Al proyectar luz sobre ciertas áreas, las células sensibles se endurecen y así logra construir estructuras muy precisas. Una vez conseguido el modelo, el resto se quita con agua. Hasta el momento solo consiguió una pieza de varios milímetros de espesor a los que les agregó oxígeno y nutrientes y logró que sobreviviera unos 10 días.

Quienes también innovan en este campo son Jens Kelm y Martin Fussenegger del Instituto Suizo de Tecnología. Ellos demostraron que las células pueden construir su propio sistema vascular cuando crearon unas «bolas» que combinaban células cardíacas humanas y de otros animales y las recubrieron de células endoteliales de vena umbilical. Cuando las células cardíacas se quedaban sin oxígeno, liberaban una sustancia que alertaba a las células endoteliales, que iban en su ayuda formando una red de capilares.

Hay reemplazo para todo

Tráqueas, cartílagos, dientes[1] y hasta un pene han sido desarrollados por la tecnología actual. Este último caso es obra del mismo equipo, liderado por Anthony Atala del Instituto de Investigación de Medicina Regenerativa Wake Forest, que desarrolló los primeros riñones artificiales implantados con éxito en pacientes.

Atala extrajo células musculares y de vasos sanguíneos del pene de un conejo y las cultivó en una matriz de colágeno imitando la forma del tejido sobre el que se iba a regenerar: el cuerpo cavernoso. Estas son columnas similares a esponjas que se llenan de sangre durante la erección. Una vez desarrollado, Atala implantó el tejido en el pene del animal (al cual se le había extraído previamente) y en solo un mes el conejo retomaba su actividad reproductiva sin ningún cambio aparente, ya que tuvo crías que nacieron normalmente.

---

1. Un equipo japonés de la Universidad de Ciencias de Tokio consiguió crear un diente de ratón a partir de células que se encontraban en otro diente y antes que se desarrollara por completo fue trasplantado a un ratón y se comprobó que crecía de modo normal con conexiones nerviosas y sanguíneas adecuadas.

Ideas por las nubes

Pero lo mejor para el final. Previamente mencionamos que uno de los mayores problemas con los que se encuentran los científicos es cómo crear el sistema capilar de un órgano artificial. Pues a Jason Spector, del Hospital Presbiteriano de Nueva York y a Leon Bellan, de la Universidad de Cornell se les ha ocurrido una idea «nubedosa»: utilizar la estructura interna de las nubes (sí, los dulces que venden en las ferias), muy similares a una red de capilares como molde. Los científicos colocaron una nube en una superficie no adherente y vertieron un polímero resinoso que se endureció al día siguiente. Luego, con agua y alcohol disolvieron el azúcar, dejando a la vista un cubo con una estructura cúbica y una red interna de pequeños canales. Un escáner de electrones les permitió comprobar que los canales tenían las mismas dimensiones que los vasos capilares y para demostrar que la sangre podría pasar fácilmente a través de ellos, inyectaron sangre de ratón con una proteína fluorescente en toda la red. Seguro que la próxima vez que vayas a la feria, miras las nubes de otro modo.

VILLANOS

3.16. Abominación

Animación suspendida

Si cuando Bruce Banner sucumbe a un ataque de ira, se transforma en Hulk, cuando Hulk cae en la rabia, se podría decir que se transforma en... esto. Emil Blonsky, es un espía de la antigua Yugoslavia que pretende robar las investigaciones de Banner, pero la misión no sale de acuerdo a lo planeado y Blonsky recibe una dosis tan alta de rayos gamma que le condena a vivir como un monstruoso ser verde incapaz de recuperar su forma humana. Su fuerza es equiparable a la de Hulk, pero, de algún modo, nunca logra vencerle. Y eso que le odia con todas sus fuerzas. Para Blonsky, a partir de ahora, Abominación, Hulk es el culpable de que no pueda recuperar su antigua vida y que su mujer le dé por muerto. Por ello, cuando Banner se va a casar con su prometida Betty Ross, Abominación clama la ley del talión y envenena a la prometida con su propia sangre de modo que la gente crea que murió a causa del prolongado contacto con Banner. Pese a la muerte de Ross, la maniobra no sale como lo tenía planeado y Banner le perdona, demostrándole, una vez más, quién es el más fuerte. Finalmente Abominación se retira a Rusia con el propósito de vivir alejado de todo. Pero no lo conseguirá: Hulk Rojo (que sí, que existió un Hulk rojo) lo asesina. Más tarde su código genético es reinsertado en un personaje llamado Rick Jones,[1]

---

1. Antiguo compañero de aventuras de Hulk. Cuando Jones se transforma en A-Bomb, Hulk pasa a ser de color gris, sin motivo aparente ni razonable.

quien derrota al Hulk Rojo bajo el nombre de A-Bomb (Bomba Abominación).

Me dejas helado

Aparte de una enorme fuerza y resistencia, cuando la temperatura está por debajo de los –115 °C o cuando hay poco oxígeno en el ambiente, este personaje entra en un estado de animación suspendida hasta que las condiciones vuelvan a ser favorables. Este personaje, fue creado por Stan Lee en 1967, mucho antes de saber que actualmente, la ciencia investiga en cuatro formas de animación suspendida y dos de ellas son las que Lee menciona: reducción del oxígeno y frío. Esta técnica se refiere al estado en el cual no se observa ningún proceso vital: no se registra pulso, no hay respiración y el cerebro no exhibe ningún tipo de actividad.

En octubre de 2007, un excursionista llamado Mitsuaka Uchikoshi fue encontrado en las montañas Rokko de Japón, presumiblemente muerto. No tenía pulso, no respiraba y su temperatura corporal era de 21,6 °C.[2] De acuerdo con la prensa pasó 24 días en ese estado hasta que fue descubierto y llevado al Hospital General de la Ciudad de Kobe donde pronto se recuperó sin ninguna consecuencia neurológica. En Noruega y Alemania se han dado casos similares, aunque Uchikoshi es quien más tiempo ha permanecido en ese estado.

Si bien la capacidad de llevar las funciones vitales a niveles mínimos es algo que muchos animales realizan para enfrentarse a condiciones adversas, se creía que el hombre no podía hacerlo. Pero puede que sí.

Vencer a la muerte

El doctor Hasan Alam, un cirujano del Hospital General de Massachusetts afiliado a Harvard, ha solicitado recientemente se le permita comenzar los ensayos en humanos para la animación suspendida. Alam ha realizado 200 pruebas con cerdos. Primero los anestesia para que no sufran ningún dolor. Luego le corta el abdomen, deja que pierda más de un 50% de sangre y con un escalpelo secciona la aorta e infringe heridas

---

2. Se supone que a 21 °C de temperatura corporal, el ser humano muere por hipotermia.

en órganos para simular un accidente de coche o por disparo. Un ser humano con este tipo de heridas tendría una tasa de supervivencia cercana a cero. Pero el equipo de Alam hace que la temperatura del cerdo descienda a 10 ºC, mientras en sus venas se inyecta una combinación de antioxidantes y electrolitos que imita el fluido intracelular. Durante varias horas, el equipo cura las heridas del cerdo… mientras el animal no manifiesta ningún signo de estar vivo. Una vez sanado su cuerpo, se incrementa lentamente la temperatura corporal y el animal vuelve a la vida sin ningún daño a nivel cerebral. De los 200 ensayos realizados, 180 han sido exitosos.

Te quita el aliento

Por su parte, Mark Roth, biólogo molecular del Centro de Investigación en cáncer Fred Hutchinson persigue un objetivo similar, pero basándose en la reducción de oxígeno. Roth descubrió que existe un umbral de oxígeno que es muy bajo para sostener la vida, pero si se desciende por debajo de este, el organismo entra en un estado de animación suspendida. El descubrimiento lo realizó reduciendo la concentración de oxígeno que respiraban unos gusanos. A un porcentaje de 0,1% los gusanos se sofocaban y comenzaban a morir. Pero si la reducción era a un 0,01%, se desencadenaba una especie de hibernación en la que podían permanecer hasta 3 días. Roth explica que esta paradoja se debe al proceso por el cual las células producen energía: estas necesitan oxígeno para fabricar las moléculas de ATP.[3] Cuando el oxígeno cae por debajo del nivel óptimo, la producción de energía se desquicia y comienzan a liberarse radicales libres que son moléculas bastante destructivas. Pero si los niveles de oxígeno son prácticamente inexistentes, los procesos se detienen casi por completo y el animal simplemente «descansa». Sus ensayos han seguido con ratones a quienes con este sistema ha logrado dejar durante varias horas «muertos» para luego devolverlos a la vida. Sin haber perdido ninguno y sin que sus funciones mentales hayan sufrido consecuencias. Lo que este científico hace, básicamente, es desencadenar una respuesta de hibernación que está presente en todos los mamíferos. Roth también ha enviado una solicitud para comenzar sus ensayos en humanos.

La solución genética

El siguiente grupo busca descubrir el secreto que esconden las ardillas. Hannah Carey es una doctora en medicina de la Universidad de Wisconsin. En su laboratorio, las ardillas hibernan a una temperatura de 4 °C. Su ritmo metabólico desciende hasta llegar a cerca de un 3%: sus latidos, normalmente entre 200 y 300 por minuto, se reducen a 4 y sus respiraciones, unas 150 por minuto, bajan a solo 5. Carey demostró que esta capacidad es propia de las ardillas cuando realizó un estudio comparativo entre 6 ratas (que no hibernan) y 5 ardillas. Los once animales fueron anestesiados y se les realizaron

---

3. ATP: Trifosfato de adenosina, el combustible principal de la vida.

cortes que causaron una pérdida del 60% de su sangre. En menos de una hora, las ratas habían muerto. Las ardillas, sin embargo redujeron su ritmo y sobrevivieron entre 4 y 10 horas. Matthew Andrews, genetista de la Universidad de Duluth estudia qué genes estarían implicados en esta habilidad. Hasta ahora ha encontrado 48 genes que se expresan de modo diferente en el corazón de las ardillas que en otros mamíferos: 37 de ellos se activan cuando el animal está despierto y los restantes cuando hiberna. Su esperanza es encontrar una solución basada en las proteínas que protegen el corazón de las ardillas. La única duda que alberga es que puedan funcionar en humanos, ya que genéticamente estamos bastante separados de los animales que hibernan… ¿O no? Pues parece que no tanto porque en 2004, un equipo de científicos liderados por Kathrin Dausmann de la Universidad Phillips en Alemania, descubrió el primer primate que hiberna: se trata de un lémur (*Cheirgaleus medius*) y si tiene los genes que le permiten hacerlo, puede que también los tengamos nosotros.

3.17. EL HOMBRE MOLÉCULA

El mínimo esfuerzo

El mindundi de los villanos. O al menos lo fue hasta que ganó sus superpoderes. Owen Reece es un técnico de laboratorio, débil y tímido que está enemistado con el mundo por ser, a sus ojos, un sitio hostil y violento. Su trabajo se desarrolla en una planta nuclear de la Acme Atomics Corporation. Un día, por descuido, activa accidentalmente un generador de partículas que lo bombardea con una forma desconocida de radiación (sí esto ya lo habéis leído, pero hay muchas formas desconocidas de radiación, tantas que no se sabe cuántas son). La radiación tiene un efecto mutagénico en Reece y le da el poder de controlar la materia, aún a nivel molecular, de allí su nombre. El accidente libera unas fuerzas tan grandes que abre un agujero de gusano entre la Tierra y una dimensión desconocida en la que habita el inmensamente poderoso Más Allá (hay un ser en el universo de Marvel que recibe este nombre) quien se encargará de vigilar y alertar a los 4 Fantásticos del peligro que representa este nuevo villano.

El dispositivo que efectuó la mutación de Owen Reece podría ser lo que actualmente llamamos un acelerador de partículas y que está en boca de todos gracias a tres letras: LHC: Large Hadron Collider (Gran Colisionador de Partículas). Básicamente es una máquina que acelera partículas cargadas y las hace impactar contra un blanco determinado. Aunque no lo creas has tenido (o aún tienes) un acelerador de partículas en tu casa. Se trata del tubo de rayos catódicos de los viejos televisores. ¿Recuerdas que su parte trasera se calentaba mucho? Pues eso se debía a que la corriente eléctrica calentaba una pieza de metal a altas temperaturas y el calor hacía que los electrones del metal se agitaran de tal modo que se escapaban de él. Los pobres electrones se creían libres, pero terminaban en un cilindro en el que uno de sus extremos tenía un electrodo (como si fuera un imán), que los repelía ya que su carga era opuesta y el otro extremo del cilindro contenía un electrodo de carga opuesta que lo atraía. Entre ambas fuerzas lograban que el electrodo acelerara y chocara contra la pantalla causando un destello de luz similar a un flash. Solo que menos

intenso y mucho más constante pues no era un solo electrón lo que se estrellaba contra la pantalla, sino un chorro inmenso de ellos. Los electrones de los televisores pueden acelerar hasta un cuarto de la velocidad de la luz y producen una energía de entre 15.000 y 20.000 electronvoltios (la energía que tiene un electrón cuando se lo acelera mediante un voltaje de un voltio).

Viaje al inicio del Big Bang

Pero esta energía es muy baja para que los físicos puedan estudiar fenómenos subatómicos y necesitan producir más. Mucha más. Una opción es utilizar más de dos electrodos, cada vez que las partículas los atraviesan, la polaridad cambia y mientras por un lado del electrodo son atraídos, por el otro son repelidos y se acercan más al siguiente. Y lo hacen cada vez más rápido. Y precisamente ese es el problema, que recorren distancias enormes y a velocidades tan altas que los cambios de polaridad de los electrodos ocurren a ritmos muy altos y se calientan. El acelerador más potente de este estilo es el de la Universidad de Stanford, mide 3.2 kilómetros y es capaz de producir una energía en los electrones de 50.000.000.000 de electronvoltios. Esto es dos millones y medio de veces más energía que la de tu antiguo televisor. Pero el problema con este tipo de aceleradores lineales es que su longitud pueda tener un límite. Lo ideal sería uno en el cual las partículas recorrieran una y otra vez el circuito.

Para ello se construyeron los aceleradores circulares o ciclotrones. Estos cuentan con la misma tecnología de los lineales, pero con un dispositivo extra: son capaces de generar un campo magnético que «dirija» a la partícula cuando, debido a su velocidad en las curvas, podría salir del acelerador. En cierto sentido es lo que ocurre cuando un coche traza una curva demasiado rápido y sale despedido hacia el exterior. Para evitar esto se pone una especie de imán que repele al coche y le impide que salga de la ruta. Claro que no es un imán común, sino un electroimán superconductor. Como hemos visto en el capítulo de Superman, los superconductores deben operar a temperaturas bajísimas para ser eficaces, pero para hacer funcionar el electroimán es necesaria una corriente eléctrica muy grande que genera calor. Para disiparlo y asegurarse que los superconductores funcionan adecuadamente, se utiliza helio líquido. Pero la cantidad de calor con la que tienen que lidiar es enorme ya que estos aceleradores producen cerca de un billón de electronvoltios al acelerar las partículas a velocidades muy cercanas a las de la luz (y cuando decimos «muy» es que solo faltan unos 320 kilómetros por hora para alcanzar ese límite).

Gracias a esta tecnología, los físicos pueden recrear condiciones de energía que en el Universo solo han existido en el momento del Big Bang. De hecho, recientemente han conseguido crear átomos de antimateria. Para comprender la importancia de esto, he hablado con Jeffrey Hangst, doctor en física y líder del grupo que realizó el hallazgo. Pero antes de leer sus comentarios…

¿Qué es la antimateria?

Si pudieras resistir la temperatura, unos 4.000 billones de grados centígrados, habrías visto que, un segundo después del Big Bang, el Universo se dividía, en proporciones prácticamente iguales de materia y antimateria. Pero como las cantidades eran casi idénticas, pero no perfectamente equilibradas, la materia (formada por átomos, que a su vez están formados por electrones, protones y neutrones, con carga eléctrica negativa, positiva y neutra, respectivamente) al encontrarse con la antimateria (igual que la anterior, formada por positrones, antielectrones y antineutrones,[1] solo que la carga de las partículas es inversa) habría aniquilado a esta última. Y así es cómo la antimateria desapareció del Universo (no del todo, aún se puede encontrar en el espacio exterior algunos restos). Ahora regresa al presente (tranquilo: si te has hecho con un traje que resiste 4.000 billones de grados, puedes viajar en el tiempo). Hasta ahora, se habían creado antipartículas subatómicas, pero el equipo de Hangst ha logrado algo que tiene estructura y que es estable: un átomo de antihidrógeno, algo que entendemos muy bien (el hidrógeno) y que ahora podemos analizar en profundidad.

La antirreceta de todo

La antimateria no existe, tenemos que hacerla y necesitamos el LHC para crearla —comienza Hangst—. La pregunta es ¿por qué no existe, por qué el Universo muestra materia y no antimateria? Es uno de los misterios fundamentales que aún nos queda por resolver. Y esa es la razón del CERN: necesitamos la antimateria. La otra razón es que los positrones no son tan exóticos como los antiprotones y aquí es el único sitio del mundo en el que podemos conseguirlos.[2] El CERN —continua Hangst— tiene una trampa, única en el mundo, que captura los antiprotones y los desacelera... Bueno... lo de desacelerar es relativo:

---

1. La pregunta obvia es ¿cómo se puede tener carga inversa si es neutra, en el caso del neutrón? Porque en el caso del neutrón, la inversión se da en los constituyentes más pequeños de esta partícula: el quark.

2. Los antiprotones se hacen chocando protones a alta velocidad (muy cerca de la velocidad de la luz) contra un blanco 100 metros de circunferencia que es una pieza de metal. La «huella» que muestra que por allí andan antiprotones son los rayos gamma que resultan del choque entre materia y antimateria.

los deja moviéndose a unos 30.000 kilómetros por segundo, suficiente para dar cerca de 50 vueltas a la Tierra en un minuto. Una vez que tenemos positrones y antiprotones[3] —señala Hangst— creamos antimateria a partir de antiprotón y positrón y los colocamos en una burbuja electromagnética: ya que tienen carga, los podemos atrapar. A veces positrones y antiprotones se combinan en esta burbuja y forman antihidrógeno. Para mantenerlos allí, usamos dos potentes imanes que impiden que toque cualquier tipo de materia. Cuando se difundió la noticia, la prensa aseguraba que habían logrado mantener un átomo de antihidrógeno durante una décima de segundo. Aunque parezca muy poco, este tiempo es suficiente para estudiar la antimateria, ya que lo que los científicos analizan son sus restos, las huellas de la antimateria, más que su presencia. Pero lo del tiempo, no es tan real: «No hay nada mágico en el décima de segundo —aclara Hangst—. Solo mostramos que era posible mantener un átomo de antihidrógeno. Nosotros decidimos que dure eso. De hecho podemos mantenerlo mucho más tiempo. Aunque eso aún no lo hemos publicado. Nosotros elegimos liberarlo y la única forma de saber que estaba allí era eliminarlo». En total el equipo del CERN ha logrado crear 38 átomos de antihidrógeno.

Ahora, ¿por qué es importante la antimateria? Los científicos buscan comprender bien las diferencias entre materia y antimateria, «quizás algo se nos escapa. Y esas diferencias podrían ser fundamentales ya que tendrían que ver con enormes fuentes de energía que estuvieron presentes en el inicio del Universo», concluye Hangst. La antimateria tiene el poder para convertirse en un combustible de altísimo rendimiento y una fuente de energía hasta ahora desconocida. Un gramo de antimateria, al entrar en contacto con un gramo de materia puede liberar la energía equivalente a la bomba de Hiroshima. Por eso es tan importante.

---

3. «Cada dos minutos —asegura Hangst— recibimos unos 30 millones de antiprotones. Nos los envían a través de unas tuberías al vacío.» Sería algo así como el sistema para enviar mensaje o dinero en los supermercados, esos tubos que succionan un cilindro de plástico con el contenido en el interior. Solo que allí hay partículas de antimateria y las tuberías son mucho más complejas.

3.18. HOMBRE ABSORTENTE

Lo que aún no existe

Uno de los casos más extraños e inexplicables de los superpoderes de un villano: el ex boxeador y presidiario Carl Creel bebe una poción mágica preparada por el dios Loki, hermano adoptivo y archienemigo de Thor (si tenéis alguna explicación lógica por la cual un dios mitológico le invite una copa a un presidiario, enviadla por favor) y Creel pronto descubre que ha ganado el poder de absorber las propiedades de todo lo que toca... Lo extraño es que nadie más se haya dado cuenta apenas dejó el vaso del «superchupito» y se convirtió en vidrio. Ni lerdo ni perezoso Creel escapa de prisión y se enfrenta con Thor en una de las batallas más duras para el superhéroe nórdico, quien finalmente vence a Creel retándole a que se convierta en helio y con un golpe de su martillo, lo diluye en la atmósfera. El Hombre Absorbente regresará en el futuro y adquirirá las propiedades de sustancias cada vez más sorprendentes: bronce, diamante, el rayo cósmico de Odín (padre de Thor), el martillo de Thor y cocaína (sin comentarios). También es capaz de combinar las propiedades de sustancias previamente absorbidas para crear nuevos elementos. Y esto, aunque parezca increíble, es posible. Y ya se ha hecho.

Eres un elemento

Lo que hace que un elemento, por ejemplo el oxígeno, sea oxígeno y no, supongamos, hierro no es de lo que estos están hechos ya que ambos tienen un átomo formado por protones, neutrones y electrones, sino cuántos de estos «ladrillos» poseen. El oxígeno, por ejemplo, tiene 8 protones y el hierro 26. Esto explica la diferencia. En la naturaleza, una vez que llegamos a los 92 protones, el uranio, los elementos se acaban. De ahí que aquellos que se encuentran después de él sean llamados elementos transuránicos. Los científicos utilizan ciclotrones (ver Hombre Molécula) para romper la fuerza nuclear que mantiene unidos e inseparables los constituyentes de un átomo (ver Dr. Manhattan) y sumar nuevos protones. Así han creado el berkelio que cuenta con 97 protones.

Recientemente, físicos del Laboratorio Nacional Lawrence Livermore junto al Instituto de Investigación Nuclear de Rusia han creado un átomo (bueno, en verdad fueron tres) que cuenta con 118 protones. Para ello bombardearon con «balas» de calcio al californium (un elemento también creado por el hombre y que tiene 98 protones). Para romper la estructura del californium (y sumarle 20 protones) fue necesario bombardearlo unas 10 trillones de veces (si quisiéramos disparar una vez por segundo, sería necesario que todos los habitantes del planeta, durante 80 años seguidos se dedicaran a ello). Desafortunadamente estos elementos pronto decaen (ver Hombre Radioactivo) y solo se ha podido observar este elemento milésimas de segundo. Los físicos teóricos especulan que existe una «isla de estabilidad» y. que a partir de los 120 o 126 protones se logrará alcanzar. Los elementos que tengan esta configuración serán cada vez más pesados (el peso en este caso se refiere a la cantidad de protones) y por lo tanto mucho más estables y se podrán analizar profundamente sus propiedades químicas. Dawn Shaughnessy, químico involucrado en la creación del nuevo elemento (que aún no tiene nombre), asegura que «este trabajo puede generar una cantidad enorme de nuevos materiales cuyas propiedades científicas y prácticas nos resultan aun inimaginables». La pregunta que se hacen los químicos es la que enuncia Kenton Moody, doctor en química y también involucrado en la obtención de este elemento: «¿Tiene un final la tabla periódica? Y si es así, ¿dónde está?».

3.19. Doctor Octopus

El primer ciborg

Para Stan Lee (su creador) este era uno de sus villanos favoritos. Otto Octavius, su nombre real, era hijo de un padre violento y alcohólico, actitudes que hicieron que Otto se volviera un joven tímido que se centraba en los estudios. Esta actitud pronto vio sus frutos: el joven fue becado y pronto se convirtió en un renombrado físico nuclear, inventor y especialista en investigación atómica. Su diseño más aclamado fueron unos brazos mecánicos que se podían controlar directamente con el pensamiento. Estos tentáculos eran resistentes a la radiación, capaces de realizar tareas que requirieran grandes fuerzas y al mismo tiempo sumamente precisos. En una de las pruebas del dispositivo, una fuga de radiación causó una explosión que fusionó los tentáculos al cuerpo de Otto Octavius, con una segunda consecuencia: el cerebro del científico se reconectó para poder dominar las cuatro nuevas extremidades. Esta reconexión habría dañado de tal modo el cerebro de Octavius que le llevó a una vida de crimen y violencia. Originalmente Otto era una científico débil y en muy mala forma física, pero los tentáculos que los transformaron en Dr. Octopus, lo convirtieron en un rival tan fuerte para Spiderman que en el primer enfrentamiento, el Hombre Araña quedó tan vapuleado que estuvo a punto de renunciar a su carrera de superhéroe: solo la Antorcha Humana (Johnny Storm, de los 4 Fantásticos) logró convencerle de regresar a la lucha.

El pulpo Otto

Sus poderosos brazos mecánicos y su implante en el cerebro hacen de Otto Octavius, indudablemente un ciborg.

La palabra ciborg, de origen inglés es la unión de cibernetic y organism; organismo cibernético, una expresión acuñada por científicos de la Nasa en los años sesenta mientras investigaban de qué modo podían mantener vivas a las personas en el espacio. Debido a que los

trajes de los astronautas eran problemáticos y estaban sujetos a potenciales fallos, los ingenieros de la agencia espacial pensaron que
quizás fuera una buena idea alterar el cuerpo de los astronautas. Pese
a lo que pueda parecer, no eran soñadores absurdos. Desde 1930 existen máquinas que simulan la actividad de corazones y pulmones y los

riñones artificiales o los marcapasos ya eran realidades con las que podían trabajar. En las siguientes décadas, los ingenieros han ideado reemplazos para articulaciones, válvulas cardíacas, venas, piel sintética, sangre artificial y hasta músculos de polímeros y metal. El sistema nervioso tampoco estuvo ajeno a esta «invasión tecnológica»: hay pequeños electrodos que controlan el temblor de los pacientes de Parkinson o los episodios de los epilépticos. Existen cables que estimulan los nervios ópticos o auditivos y actúan cuando hay daños en alguno de estos sentidos. En los últimos años, científicos del MIT y de las universidades de Duke y Brown han implantado electrodos en el cerebro de monos que les han permitido mover el cursor en un monitor de ordenador, jugar videojuegos y hasta mover prótesis solo pensando en ello.

Compra un chip, aprende un idioma

Pero, lógicamente hay quien ha ido más allá. Su nombre es Kevin Warwick, es el director del Laboratorio de Robótica de la Universidad de Reading y el autor del libro *Yo, cyborg*. Warwick se ha implantado unos 100 electrodos de silicio en la muñeca, más precisamente en el nervio mediano. Desde los electrodos, 22 cables se extienden casi hasta el hombro, y bajo la piel, para conectarse ya fuera de su cuerpo a un conjunto de amplificadores y filtros que convierten los impulsos electroquímicos que llegan a su nervio mediano, en señales digitales. Todo este sistema está conectado a un ordenador que le envía señales diferentes cada vez que su mujer (que «solo» se ha implantado tres cables) mueve un dedo, cierra el puño o hace una señal con la mano. Para Warwick este es el primer paso hacia el día en que tengamos chips implantados en el cerebro y podamos compartir nuestros pensamientos del mismo modo automático e intuitivo que ahora utilizamos el teléfono, los mandos a distancia se volverán obsoletos y aprender un nuevo idioma será cuestión de encontrar el chip adecuado.

Moverse al ritmo de un algoritmo

Puede que esto parezca ciencia ficción, pero nuevos descubrimientos en el campo de la neurología apoyan las innovaciones de Warwick. Hasta hace poco se pensaba que para mover un brazo, había que encontrar la zona del cerebro que controlara ese movimiento y solo entonces era posible comenzar a moverlo. Pero Andrew Schwartz, neurocientífico de la Universidad de Pittsburg asegura que «cada vez que realizamos un movimiento todas las neuronas cambian su actividad de un modo específico».

Al estudiar la actividad de cientos de neuronas, pudieron crear un algoritmo que pudiera identificar los patrones de las señales relacionados con cada movimiento. «Fue en ese momento cuando nos dimos cuenta que crear prótesis neuronales era algo posible» agrega Schwartz, quien supone que en dos años ya se podrán implantar microelectrodos biocompatibles en el cerebro humano.

Ya existen tres empresas que, con fines médicos, implantan electrodos en pacientes o se encuentran en proceso de hacerlo: Cyberkinetics, Bionic Technologies y Neural Signals. Puede que estemos más cerca de lo que pensamos de convivir con ciborgs, después de todo, quién hubiera dicho, hace 20 años, que una tecnología como internet estaría tan incorporada en nuestra sociedad que hasta es posible realizar operaciones quirúrgicas a través de la red: el doctor Amerin Aprikian controló vía video, los brazos del robot Da Vinci para extirparle la próstata a un paciente, el cual también fue anestesiado por un robot, MacSleepy, controlado a distancia.

3.20. Hombre Radioactivo

Una idea brillante

Enemigos alemanes, rusos, extraterrestres... En Marvel tampoco podía faltar un adversario chino. Y ese lugar lo ocupa el físico nuclear Chen Lu. La República Popular de China le ordena a Chen que encuentre el modo de derrotar a Thor, el dios del Trueno, ya que este había impedido que China invada la India. Para ello, el científico se somete a dosis cada vez más altas de radioactividad, hasta que es capaz de soportar casi un bombardeo y se convierte en el hombre radioactivo. Alcanzado este punto, Chen se enfrenta a Thor, quien por medio de su martillo crea un vórtex que lo envía de regreso a China. Chen cuenta entre sus habilidades la de manipular la radiación en todo el espectro y puede infligir a sus enemigos todas las consecuencias de ella: mareos, vómitos y envenenamiento por radiación. Su color de piel ha cambiado a un verde irriscidente y cerca de humanos desprotegidos debe usar un traje antirradiación, lo que le obliga a llevar una vida solitaria.

Unos números atómicos

Las radiaciones pequeñas producen mutaciones en nuestro ADN (ver Mr. Siniestro), pero al nivel que ha llegado Chen Lu, causan la muerte irremediablemente. ¿Por qué? Simplemente porque en su base está una de las energías más potentes de todo el Universo. Hablemos de radiación.

Antoine Henri Becquerel, un físico francés, fue quien descubrió la radiación junto a Pierre y Marie Curie. Por este hallazgo recibieron el premio Nobel en 1903. Becquerel estaba trabajando con mineral de uranio cuando se dio cuenta que emitía una radiación que, pese a no ser visible, podía velar una película fotográfica. Cuando hablamos del Hombre Absorbente, vimos que lo que hace que un elemento sea ese y no otro es la cantidad de protones que forman sus átomos. Este es el número atómico. La masa atómica, por otro lado, es la suma de protones y neutrones, y es la duodécima parte del peso del carbono: 12.

A veces un elemento puede tener el mismo número atómico, por ejemplo el uranio, 92, pero distinta masa atómica (es decir que tiene más neutrones). Estos elementos son conocidos como isótopos.

En busca de la estabilidad atómica

La combinación de masa atómica y número atómico debe ser muy precisa para que el elemento sea estable, si esto no ocurre, se produce una reacción que tiende a buscar el equilibrio. Y esta reacción es la radiación. En ciertas ocasiones, el núcleo de un átomo, si es un elemento muy pesado, se divide en dos núcleos con masa próxima a 60 (la suma de protones y neutrones da esta cifra), este proceso libera una gran energía. Un gramo de uranio 235 (que tiene 92 protones y por eso es uranio, pero en lugar de tener también 92 neutrones, suma 143, y por eso es 235) que se divide libera dos millones de veces la energía de 1 gramo de petróleo. Este proceso de división es conocido como fisión nuclear.

Dentro del Sol, la temperatura es altísima, lo cual es una obviedad, y esto hace que los átomos que no dejan de moverse con una enorme energía, a veces se choquen y se unan. Esta unión, obviamente, es la fusión nuclear y libera entre tres y cuatro veces más energía que la fisión. Con la ventaja de que el nuevo elemento no es radioactivo. El problema es que para obtener este caudal de energía es imprescindible crear altísimas temperaturas. Por eso la ciencia persigue tanto una tecnología que permita la fusión fría.

Persiguiendo huellas atómicas

La desintegración de los isótopos es inevitable, todos buscan el equilibrio. Pero cada uno tiene un ritmo para alcanzarlo. El valor promedio de la vida de los átomos de un isótopo es su vida media. El carbono 14 (un isotopo del carbono que tiene 6 protones y 8 neutrones) tiene una vida media de unos 5.700 años. La naturaleza produce este isótopo constantemente en la atmósfera y todos los seres vivos lo incorporamos a nuestro cuerpo. Cuando un organismo muere, deja de incorporarlo y su concentración se va reduciendo de acuerdo a la vida media. Es decir, después de 5.700 años, la cantidad se ha reducido a la mitad, 57 siglos más tarde quedará la mitad y así sucesivamente. Gracias a esto, se puede dar la datación de cualquier resto orgánico.

Pero la radiación también tiene otros propósitos. En la restauración de obras de arte se la utiliza para matar hongos y bacterias que

perjudiquen el material original. Con ella se alimentan las baterías de los satélites, se hacen pinturas luminiscentes o se esterilizan materiales quirúrgicos. Y, obviamente, también son la fuente de rayos X. Si Chen viviera podría estar orgulloso.

3.21. Rino

El villano de tus sueños

Su nombre real es Aleksei Sytsevich, un ciudadano de algún país del Este que se presta como voluntario para un experimento extremo (¿cuál no lo es en este universo?) en el cual su piel se unirá con un polímero ultra-rresistente que también aumenta su fuerza y velocidad. En su primera misión Rino, así llamado por su blindada epidermis y su fuerza bruta, debe secuestrar a un alto cargo militar estadounidense con el objetivo de robar secretos armamentísticos. Pero Rino hace caso omiso de su objetivo y se dedica a una vida de delitos. O al menos quiere hacerlo hasta que es atrapado por Spiderman quien lo devuelve a su país de origen. Allí, pese a la traición de Rino, le dotan de un traje con mayor poder y le obligan a secuestrar a Bruce Banner (Hulk) debido a sus conocimientos en rayos gamma. Pero Hulk lo derrota, bueno, un poco más que eso: le mata. Obviamente aquí no termina todo. Casi comienza, porque es entonces cuando aparece un nuevo villano, conocido como El Líder, quien resucita a Rino y le da (si fuera posible) un nuevo traje que le dota de más poderes. Lo interesante es que Rino comienza a aparecerse en los sueños de Hulk, se enfrenta a Spiderman, a los 4 Fantásticos, hasta que un día decide entregarse a la policía y abandonar su antigua vida. En la cárcel se niega a colaborar con distintas mafias y organizaciones delictivas. Finalmente, debido a su buen comportamiento es liberado antes de cumplir la condena. Al dejar la cárcel Aleksei (ya sería injusto llamarle Rino) conoce a la camarera de un bar con la que se casa y busca llevar una vida honesta a partir de entonces. Si queréis saber si lo consigue, seguid leyendo, de lo contrario, pasad al próximo párrafo: Aleksei lo consigue, pero cuando se niega a enfrentarse a un nuevo Rino (y van…) su mujer es asesinada en la discusión.

Te llevo en mis sueños

La pregunta de rigor en este caso sería: ¿Es posible implantar un sueño en otros? La verdad es que estamos muy cerca. Deirdre Barret,

psicóloga de la Universidad de Harvard, utilizó la técnica de «incubación de sueños» para que sus estudiantes resolvieran un enigma mientras dormían. Primero les hizo crear una imagen mental del problema, un dibujo, un esquema hasta una maqueta, y les pidió que fuera lo último que vieran antes de dormir. Luego les recomendó no saltar de la cama al levantarse, para evitar que lo soñado se perdiera, ya que una distracción lo elimina. Barret descubrió que un 25% de los estudiantes encontró la solución al problema mientras dormía. Pero hay otros modos de influir en el sueño ajeno. Por ejemplo, «estimular su cuerpo rociándolo con agua», sugiere Mark Blagrove, psicólogo de la Universidad de Swansea y experto en sueños y estados de consciencia: «Así, la sensación física se incorporará al sueño». Y añade: «También es posible hacerlo antes de que se duerma, sugiriéndole qué soñar. Funciona si es algo que a la persona le interese. Si dos personas creen que se pueden encontrar en sueños, podrían provocar un encuentro onírico».

Otro experimento que confirma esta idea fue realizado por Boris Stuck, del Hospital Universitario de Mannheim, Alemania. Stuck expuso a dos grupos de voluntarios a olores diametralmente opuestos durante el sueño: unos convivieron con olor a rosas y otros sufrieron la peste de huevos podridos. Al despertarse, los que durmieron entre rosas confesaron que tuvieron sueños agradables, mientras que el otro grupo tuvo ensoñaciones nada placenteras.

Así leerán tus sueños

Pero hay más aún. Quizás primero te interese saber qué está soñando tu futura «víctima» y decidir si quieres entrar en su cabeza o no. Pues Jack Gallant, psicólogo del departamento de Neurociencias de la Universidad de Berkeley, está trabajando en ello y me asegura que «en dos décadas seremos capaces de leer los sueños ajenos.» Desde hace varios años, Gallant está desarrollando un software que registra y compara la actividad cerebral de un voluntario al observar diferentes fotografías. Luego, un escáner estudia su cerebro mientras se le muestra una de las imágenes. El programa logra deducir qué foto está viendo gracias a su actividad cerebral. En pocas palabras lo que hace este programa es descifrar lo que sucede en nuestro cerebro cuando vemos el color verde, la arena, una manzana o cuando pensamos en volar. Cada uno de estos gestos podría asociarse a un tipo de actividad cerebral específica, y si, al dormir, el software detecta esos patrones, sabremos qué está soñando. Y en este reino sí sería posible convertirnos en superhéroes ya que las leyes de la física no se aplican a este mundo. Al menos así lo confirma Jeff Warren, autor de *Viaje mental. La rueda de la consciencia*. Este libro es el resultado de entrevistas con especialistas en sueño, neurología y psicología de todo el mundo. Allí está la clave para volar, tener supervelocidad e impedir que Gwen Stacy muera: «Si no existen estímulos sensoriales, nuestra conciencia parece comportarse de modo predecible, siguiendo la ley de las expectativas: lo que esperamos que pase, pasará. Pero la realidad es que el cerebro, en el sueño, realiza asociaciones libres a partir de hechos de nuestra memoria. Une aves con personas y podemos volar, podemos viajar en el tiempo… y el fenómeno más interesante es que a menudo no nos damos cuenta de que es un sueño».

Cómo enfrentarse a Morfeo

La clave entonces para convertirse un superhéroe (al menos en el mundo de Morfeo) es dirigir los sueños. Y esto también es posible. Nuevamente Mark Blagrove, es quien señala el camino para dirigir los sueños: «Lo primero es preguntarnos cuando estamos conscientes: ¿estoy despierto o estoy soñando? Con el tiempo, y después de algunas semanas de este entrenamiento, te podrás hacer esta misma pregunta hasta en sueños. Al principio dirás que estás despierto, que es la respuesta equivocada, pero otras veces te darás cuenta de que es un sueño, y en ese momento quizá puedas controlar el argumento. Los sueños lúcidos[1] a veces ocurren de modo espontáneo, y otras solo a partir de que la persona sabe que es posible tener este tipo de ensoñaciones».

---

1. Los sueños lúcidos fueron probados científicamente por el doctor en psicofisiología Stephen Laberge quien realizó un interesante experimento hace más de una década. En el Laboratorio del Sueño de la Universidad de Stanford y junto a la científica Lynn Nagel, acordaron que cuando Laberge se durmiera y Nagel detectara que se encontraba en fase REM (cuando se producen los sueños), este realizaría una serie de movimientos oculares previamente acordados: mirar dos veces seguidas de derecha a izquierda. Al despertarse el psicofisiólogo comprobó no solo que su colega científica había visto el movimiento, sino que el polígrafo también lo había detectado.

3.22. Electro

Energía en el cuerpo

Maxwell Dillon debe ser uno de los pocos villanos que lo es por naturaleza… Perdón, por Naturaleza. Dillon era un electricista que se encontraba reparando unas líneas de alta tensión cuando un rayo estalló cerca de él y le produjo una mutación en su sistema nervioso, convirtiéndolo en una pequeña central eléctrica viviente. Muy pronto se dio cuenta del poder que tenía y decidió dedicarse a la vida criminal (lo dicho, siempre hacen falta más villanos que héroes). Bajo el nombre de Electro (y con un traje adecuado, pero una máscara que da vergüenza ajena) irrumpe en la redacción del Daily Bugle (donde trabaja Peter Parker) y roba la caja fuerte del director del periódico: J. Jonah Jameson. Este acusa a Spiderman de ser Electro, lo que hace que nuestro héroe deba enfrentarse a este malhechor nada corriente para demostrar el error. Algo que casi le cuesta la vida cuando le toca y recibe una descarga considerable. Finalmente le derrota gracias a una bomba de incendios. Pero se volverían a ver las caras varias veces más, la más notoria fue retransmitida por televisión: el codicioso Jameson pagó a Electro para que desafiara a Spiderman. La pelea fue seguida por todo el país y su resultado es obvio, ¿no? Al villano se le agotó muy pronto la energía.

Conectado a tu red neuronal

Este personaje tiene la capacidad de generar enormes cantidades de electricidad: teóricamente hasta un millón de voltios, puede crear arcos voltaicos desde la punta de sus dedos y hasta puede recargarse para tener más energía aún. También es capaz de manipular las corrientes cerebrales para hacer que piensen otra cosa.

Nuestro cerebro es una máquina que funciona con electricidad y la ciencia que estudia los fenómenos eléctricos en animales y humanos, se conoce como electrofisiología y abarca, entre otros órganos, el cerebro y el corazón. Esta ciencia es muy reciente (la especializada en

corazón surgió a mediados de 1970), pero podría haber dados sus primeros pasos inspirada en una invención de Samuel Morse… sí el del telégrafo. La primera transmisión comercial del telégrafo se realizó en 1844. Por entonces los científicos intentaban comprender nuestro sistema nervioso y vieron en los hilos telegráficos una inspiración para descubrir cómo actuaba ya que ambos utilizan electricidad para transmitir señales y están formados por «cables» largos.[1]

Lo que llamamos electricidad es, de un modo muy simple, un desequilibrio atómico. Toda la materia del Universo está formada por átomos y estos, a su vez, constituidos por protones (con carga positiva), neutrones y electrones (carga negativa). Cuando hay más protones que electrones, el átomo está cargado positivamente y viceversa. El cambio de un tipo positivo a negativo (o viceversa), permite que los electrones viajen de un átomo a otro. Este fluir de los electrones, es la electricidad (y de ahí su nombre).

Un cable para la mente

En el cerebro del ser humano, la electricidad opera a través de puertas que se abren y se cierran constantemente. En estado de reposo, nuestras células tienen carga negativa debido a un ligero desequilibrio entre el contenido de iones[2] de potasio y sodio: hay más iones de potasio (negativos) en el interior y más iones de sodio (positivos) en el exterior. Cuando la célula necesita enviar un mensaje lo que hace es abrir la puerta de las células y las cargas cambian de sitio, abriendo la puerta de la siguiente célula y así hasta que el mensaje llega al sitio adecuado.[3]

Las primeras investigaciones realizadas para intentar medir la descarga de una neurona o al menos su velocidad de transmisión fueron realizadas en el siglo XIX por el médico alemán Hermann von Helmholtz. En 1850, este investigador conectó un cable al músculo de una rana, para que, cuando el músculo de contrajera, disparara un circuito. Helmholtz halló que le tomaba una décima de segundo a la señal viajar del nervio al músculo. Más tarde realizó un experimento similar con humanos: le aplicó una corriente a la piel de algunos voluntarios y les pidió que realizaran un gesto cuando sentían el estímulo. Helmholtz descubrió que cuanto más lejos del cerebro se sentía el estímulo, más tardaba el voluntario en realizar el gesto... y más tiempo

---

1. Sam Wang, neurocientífico de la Universidad de Princeton señala que tenemos, al menos, unos 300.000 kilómetros de redes en nuestro cerebro; lo suficiente para llegar hasta la Luna.

2. Los iones son partículas cargadas eléctricamente.

3. Los humanos generamos entre 10 y 100 milivoltios de corriente eléctrica en nuestro cuerpo. Apenas alcanza para encender una linterna. Las anguilas eléctricas, sin embargo, generan 600 voltios.

tardaba la señal en viajar. Aparentemente el pensamiento no es tan rápido.

En tu cuerpo hay un Fórmula 1

Dicho todo esto, ya podemos ir al grano. La descarga eléctrica que viaja a lo largo de una neurona es conocida como potencial de acción. Básicamente es un rápido cambio de la polaridad de la membrana celular de negativo a positivo y vuelta a negativo, este ciclo dura milésimas de segundo y genera una corriente que, dependiendo de la célula, puede ir de −55 milivoltios a −30 milivoltios a una velocidad que puede alcanzar los 360 km/h (más rápido que un Fórmula 1). Una de las formas de medir esto es a través de la electrofisiología mencionada anteriormente. El calamar gigante es uno de los primeros «modelos» utilizados para estudiar esto debido a que sus axones pueden medir hasta 1mm de diámetro y se pueden llegar a ver sin necesidad de microscopios (el axón humano, en promedio, no excede de 0.01 mm, aunque los hay algo más grandes). El axón de este cefalópodo es extraordinariamente grande debido a que controla la contracción muscular, de este modo, el calamar gigante está dotado de una rápida respuesta para la huida (de hecho, estos impulsos están entre los más rápidos de la naturaleza).

Como curiosidad, dos coincidencias más que relacionan los telégrafos con las conexiones neuronales: cuanto más ancho es el cable de un telégrafo más lejos y más rápido viaja la señal (este descubrimiento lo realizó el médico William Thompson en 1854). Este principio también se aplica a los nervios: los axones más rápidos (las células Betz, encargadas de enviar las señales a los músculos) son 200 veces más gruesos que los más finos.

Por último, al igual que en el telégrafo, los cables aislados permiten que la información viaje más rápido. En el ser humano, los axones que están revestidos de mielina (un compuesto de proteínas y lípidos) pueden hacer viajar la información a unos 360 km/h, mientras que los que carecen de mielina, solo alcanzan 1 km/h.

Parte 4

SIN PODERES

Los constantes avances que se realizaban en ciencia en los años dorados del cómic hicieron creer que el hombre, con la tecnología en sus manos, todo lo podía. Era capaz de llegar a la Luna o destruir el planeta. Podía descifrar el código de la vida o crear un cerebro artificial. Y no necesitaba superpoderes para ello. Su arma era la ciencia. No es extraño entonces que primero fuera Superman, un extraterrestre invencible y todopoderoso y luego llegara Batman: un tío normal, cuya única virtud era su inteligencia (bueno, eso y mucho dinero). El ser humano comenzaba a ver la ciencia como una aliada de la que podía sacar grandes provechos. Tantos como algunos de los personajes más conocidos del cómic (Ironman) o como algunos de los villanos más detestados (Harry Osborn).

HÉROES

4.1. BATMAN

El hombre murciélago

La historia del superhéroe de Ciudad Gótica ha ido cambiando a lo largo de sus siete décadas de existencia. El único elemento que permanece inalterable es que con ocho años Bruce Wayne presencia el asesinato de sus padres. De acuerdo con el número 47 de DC Comics, a partir de ese momento el «jovencito Wayne» se dedica a preparar su cuerpo y su mente para luchar contra el crimen y vengar a sus padres. Pero muy pronto se da cuenta que no basta con la fuerza física: «Los criminales son una pandilla de supersticiosos cobardes. Mi disfraz debe aterrorizar sus corazones. Debo ser una criatura de la noche, negra, terrible...». Afortunadamente para los guionistas, en ese momento Wayne ve un murciélago a través de la ventana y decide cuál será el objeto de su nueva identidad. Inicialmente su actividades contra el crimen le granjean la antipatía de la policía gótica (suena raro, aunque solo es un gentilicio ficticio), pero pronto se dan cuenta que dependen de él para mejorar la calidad de vida de los honestos habitantes góticos (suena raro...).

Un héroe a un traje pegado

Lo que ha convertido a Batman en superhéroe es su inteligencia. Y su traje. Allí residen sus poderes. Quien quiera transformarse en un miembro de la Liga de la Justicia debería ir buscando un buen costurero porque muchos de los materiales ya se encuentran en el mercado. O están a punto de llegar. La revolución se llama tejidos inteligentes. Veamos de lo que son capaces los investigadores cuando tocan la fibra «ciencible».

Ya hemos visto, cuando hablamos de Spiderman, que existe un tipo de fibra, llamado Spectra, que podría utilizarse como chaleco antibalas, debido a que es dos veces más resistente que el Kevlar. Ya tienes chaleco. Ahora para protegerte la cabeza deberás recurrir al Hövding. Este invento es una especie de bufanda que se puede anudar al cuello, pero en realidad es una mezcla de airbag y casco: a milisegundos de una colisión, el tejido se hincha automáticamente cubriendo cuello y cabeza. El Hövding es un invento de las diseñadoras Anna Haupt y Terese Alstin.

Abrígate que hace frío

Pero los golpes no son el único enemigo de Batman. El calor o el frío extremo pueden afectar a su desempeño. Para ello se han creado tejidos con microcápsulas que se aprovechan de la energía que se desprende cuando una sustancia cambia de estado sólido a líquido y viceversa. Estos tejidos funcionan del siguiente modo: cuando el cuerpo emite mucho calor, la energía que desprende se utiliza para que la sustancia que está en la microcápsula cambie de fase sólida a líquida, almacenándola. Cuando nuestro héroe sienta frío, la energía que estaba almacenada se libera proporcionando calor al cuerpo. La pregunta lógica podría ser ¿y cómo sabe el tejido que tenemos frío o calor? Pues porque, aunque parezca extraño y repetitivo, es tejido inteligente. Así lo han demostrado científicos suecos de la Universidad de Linköping que han creado una fibra que actúa como transistor y puede realizar pequeñas operaciones lógicas. Los investigadores bañaron fibras de poliamida con un polímero conductor y conectaron las fibras entre sí utilizando otro polímero que actúa como electrolito. Al aplicar un pequeño voltaje a la primera fibra, la reacción se dispara hacia todo el tejido. En principio esto puede resultar bastante insulso, pero conozcamos a dos primos de los tejidos inteligentes.

Tienes un GPS en tu ropa

El primero de ellos es la camiseta, por ahora destinada a uso militar, denominada Smart T-shirt. Mediante sensores, esta prenda controla unos 30 parámetros vitales de quien la usa. Por si fuera poco tiene una red de fibras ópticas y conductoras capaces de enviar datos cuando hay un soldado herido, indicando la ubicación del soldado, la gravedad de la herida y contactando con el centro médico para seguir el tratamiento. ¿El tratamiento? Pues sí, porque aquí es cuando aparece el segundo tejido. Uno, también hecho con microcápsulas que lo que hacen es dosificar medicamentos. Si el tejido realizado con transistores pudiera unir las prestaciones de la Smart T-shirt y las microcápsulas que dosifican el remedio, sería casi como llevar un médico puesto. Obviamente no se podría sacar las balas (a menos que haya tejidos magnéticos que la atraigan), pero sí serviría para dar los primeros auxilios e impedir infecciones. De las cuales Batman también debería protegerse si lleva puesto su traje mucho tiempo. Con esto en mente la compañía alemana Tex A Med ha elaborado un tejido con nanopartículas de plata que impiden las infecciones por uso continuo de una prenda. Otro tejido, que a nuestro superhéroe le vendría bien, al menos cuando tiene un encuentro con el sexo opuesto, es aquel que imitando la textura de las hojas de loto, que repelen el polvo y el agua, se mantiene limpio contra viento y marea.

Levantar vuelo

Una de las señas de identidad de Batman siempre ha sido su capa. Esta podría convertirse en sus alas si para confeccionarla utilizara un tejido con memoria. Este tipo de material es capaz de presentar una forma determinada y luego, gracias a un estímulo que puede ser eléctrico o térmico, adquirir una segunda configuración. Lo interesante de este proceso es que puede ser repetido numerosas veces. Así el héroe gótico siempre tendría sus alas disponibles y su capa presta.

Pero todas estas innovaciones pueden no ser nada sin energía. Por ello es sorprendente que se esté desarrollando un tejido que será capaz de captar energía solar y transformar en electricidad. El diseño depende de Gordon Wallace, director del Instituto de Investigación de Polímeros Inteligentes en Wollongong, Australia. Hay telas similares en el mercado que se sirven de la energía solar captada para alimentar reproductores de Mp3, cámaras y hasta pequeños ordenadores. Pero ninguno de ellos convierte la energía del sol en energía eléctrica que serviría para que los soldados logren que funcionen equipos de comunicación e instrumental de navegación sin depender de una

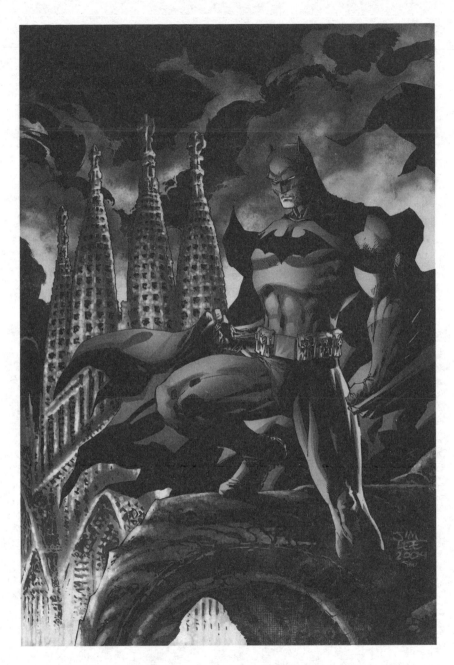

central de abastecimiento o de pesadas baterías ya que la propia indumentaria sería la batería. Y también el hospital, la central de comunicación, el ordenador, el escudo y quizás, hasta una tienda de campaña. Ah! Eso sí que no lo tenía Batman.

Vestido soy más fuerte

Convengamos, por otro lado que todos los «servicios» que podría prestar un traje que aunara la extensa lista de virtudes que hemos mencionado, no explicaría la sobrehumana fuerza que tiene Batman y que le permite enfrentarse a varios adversarios al mismo tiempo. A menos que Bruce Wayne, alter ego del héroe, conociera a Ray Baughman, físico del Instituto de Nanotecnología de la Universidad de Dallas. Hasta hace poco, los científicos recurrían a la energía eléctrica para mover maquinaria mecánica como motores o sistemas hidráulicos sin tener en cuenta que los músculos, por ejemplo, funcionan con energía química de modo más eficiente. Baughman ha revertido esta tendencia. Para él la solución ideal es un músculo artificial que convierta directamente la energía química en mecánica y eluda la pérdida de tiempo que genera que un artefacto dependa de estar conectado a la red eléctrica para funcionar.

Baughman ha diseñado un dispositivo con memoria a partir de una aleación de titanio y níquel. El metal está bañado con una solución catalizadora de platino y puesto en un mecanismo que permite que el metanol llegue a la superficie. ¿Por qué metanol? Porque este se oxida en contacto con el aire, lo cual calienta la aleación y hace que se doble en una forma prediseñada (memoria de forma). Al cortar el suplemento de metanol, la aleación se vuelve a enfriar y recupera su forma original. De acuerdo con Baughman esto permite que el material ejerza una fuerza que es 500 veces mayor que el músculo humano. Por si fuera poco, el físico estadounidense cree que el rendimiento se puede mejorar notablemente. Si el traje de Batman estuviera formado, también por esta aleación, lo que a nosotros, simples humanos, nos parecerían 500 kilos de metal retorcido, para Batman sería solo un kilo de chatarra. ¿Vendrá de allí su fuerza?

4.2. IRONMAN

El soldado del futuro

Tony Stark, su verdadero nombre, fue la herramienta que utilizó Stan Lee para explorar el rol de la tecnología estadounidense para luchar contra el comunismo durante la Guerra Fría. Tony es el hijo del millonario industrial Howard Stark. Un niño prodigio que ingresa a los 15 años al MIT (Instituto de Tecnología de Massachusetts) y que hereda el imperio Stark cuando sus padres mueren en un accidente. A partir de este momento, Tony, se dedica a desarrollar tecnologías armamentísticas experimentales. Mientras presencia una prueba de nuevas armas es, primero herido por una mina y luego secuestrado por Wong Chu, comandante del ejército vietnamita, quien le obliga a fabricar un arma de destrucción masiva. Durante el cautiverio, Tony reconoce a otro prisionero: su admirado Ho Yinsen, un eminente físico y pacifista con quien se alía para escapar. Yinsen construye un dispositivo magnético para evitar que la metralla de la bomba que hirió a Tony (y que aún sigue en su cuerpo) llegue a su corazón y lo mate. A partir de ese momento ambos buscan engañar al militar vietnamita y en lugar de un arma, construyen una armadura, con armamento incorporado, que los hace casi invulnerables y les permitirá escapar. Tony logra escapar, pero desafortunadamente, durante la huida, Yinsen muere. Desde ese momento Tony Stark se transforma en Ironman (mejorando notablemente su armadura y modificando el dispositivo magnético de su pecho) con el propósito de luchar contra la maldad, que en los primeros años era personificada por enemigos comunistas. Todo esto mientras sigue con una vida como playboy multimillonario.

Ironman está entre nosotros

Otro superhéroe que se está quedando atrás cayendo bajo el peso de que la ciencia ficción, al menos alguna, ya tiene mucho más de ciencia que de ficción. Y es que Ironman ya existe y lo ha creado Steve Jacobsen. Este ingeniero de la Universidad de Utah es a los robots lo que Stan Lee a los superhéroes. Ha trabajado para agencias militares y para Disney (que asegura, son igual de exigentes) y es el «padre» del XOS 2: un exoesqueleto diseñado para facilitar las tareas de campo de soldados, en primera instancia y de personal médico, bomberos y rescatistas en segunda. El XOS 2 es precisamente un esqueleto, una carcasa vacía que rodea el cuerpo del usuario: imaginaos que estáis vistiendo unos huesos que se amoldan a vuestro cuerpo como un caparazón. Y en lugar de cerebro tiene una pequeña mochila que se lleva a la espalda y es la encargada de imitar todos los movimientos que hacéis. Este esqueleto externo está compuesto de unas botas que se unen a las piernas hasta la cadera. Desde allí una cinta metálica rodea la cintura y asciende por la espalda hasta los hombros y luego baja por los brazos hasta las manos. Su funcionamiento es similar al de cualquier apéndice humano.

Músculos por ordenador

Cuando entrenamos nuestros bíceps, por ejemplo (bueno, cuando los entrenáis), las fibras musculares de la parte superior del brazo se contraen y tiran de los tendones de nuestro antebrazo que se eleva (probad contraer el bíceps, inevitablemente el antebrazo se eleva). El XOS 2 posee varios sensores. Cuando estos detectan un movimiento, se ponen en marcha y envían la información a un ordenador que está en la espalda (algo similar a cómo funciona nuestro cerebro y en medidas de tiempo idénticas). El ordenador calcula cómo minimizar la fuerza en el brazo del usuario. El resultado se envía entonces a unas válvulas que controlan el flujo de líquido hidráulico a alta presión, el cual es, a su vez, dirigido a unos cilindros en las articulaciones. El fluido mueve los cilindros, que al mismo tiempo accionan los cables, que responden actuando como tendones tirando de un apéndice. El XOS 2 tiene unos 30 cilindros que controlan todas las articulaciones. Vale, pero ¿y para qué sirve? Pues este exoesqueleto hace que los objetos parezcan 17 veces más livianos de lo que son. Así, si en la vida real levantar 50 kilos te costaría un esfuerzo tirando a alto, con este traje podrías, con el mismo sudor, levantar 850. Casi una tonelada. Podrías llevar dos coches en volandas y sería como cargar a dos niños. El ingeniero de software del XOS 2, Rex Jameson, es quien realiza las pruebas en el exoesqueleto y cuenta que ha realizado una serie de 500 levantamientos de 100 kilos y lo ha dejado porque se aburría. No porque se cansara.

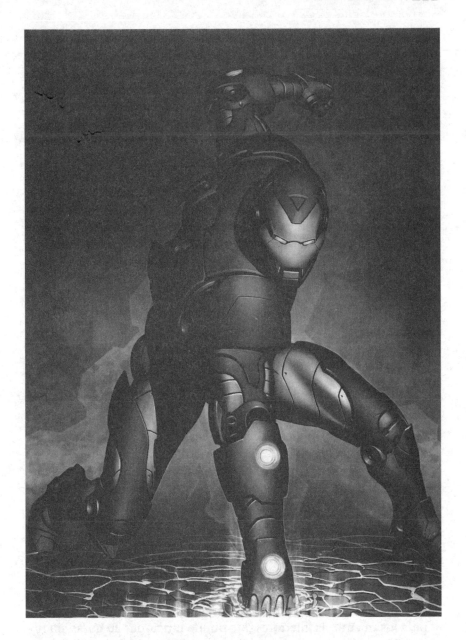

El hombre con dos esqueletos

Una de las claves para que un exoesqueleto funcione de modo perfecto la hemos mencionado anteriormente de modo muy ligero: la sincronización. Si el movimiento del usuario no fuera reproducido instantáneamente por el XOS 2, sería como moverse en una piscina.

Para saber si el potente ordenador estaba capacitado para detectar el movimiento y disparar la acción de las válvulas en cuestión de milésimas de segundo, Jacobsen realizó un pequeño test. Le solicitó a uno de los empleados del laboratorio que trajera a su hija. La niña debía ponerse de pie sobre los pies de su padre (como cuando enseñamos a un niño a bailar, solo que ambos debían mirar en la misma dirección). El padre de la niña tenía el traje puesto, por lo tanto ella estaba de pie sobre los nuevos «zapatos de papá». Mientras la tarea de la niña era simplemente lanzarse a caminar en la dirección que quisiera, la del padre era intentar que los pies de su hija no se separaran de los suyos, es decir imitar perfectamente sus movimientos. En cuestión de minutos la sincronización era perfecta. Ambos caminaban juntos. Esto se debe a que el ordenador procesa miles de señales por segundo que provienen de los sensores. Teniendo en cuenta la cantidad de sensores, el ordenador puede llegar a realizar un millón de mediciones en cuestión de minutos. ¿Cuál es el problema entonces? ¿Por qué no está en la calle? El mayor obstáculo, por ahora, del XOS 2 es la alimentación. La batería solo le permite estar operativo unos 40 minutos. Y tarda por lo menos cuatro horas en recargarse. Cuando Jacobsen comenzó a diseñar esta armadura, su objetivo primordial fue centrarse en las prestaciones, luego vería de qué modo solucionaría el asunto de la energía. Pero Hugh Herr, profesor del Instituto Tecnológico de Massachusetts y Homayoon Kazerooni de la Universidad de Berkeley realizaron exactamente el proceso opuesto. Herr ha diseñado unas extremidades que le permiten cargar, por ahora con unos 35 kilos, sin que se note el esfuerzo. ¿Parece poco verdad? Pues lo increíble es que solo necesitan dos vatios de potencia para ponerse en marcha, la misma energía que consume una radio portátil.

La energía se obtiene paso a paso

Kazerooni, por su parte ha creado a Trasladador de Carga Humano (HULC por sus siglas en inglés: Human Load Carrier), un exoesqueleto para los miembros inferiores que puede funcionar 20 horas sin necesidad de recarga y que permite llevar una carga de unos 50 kilos con un consumo de oxígeno un 15% más bajo. Pese a que el proyecto de Kazerooni aún no ha sido terminado, él mismo explica que obtiene su energía de un modo similar al de los coches híbridos que recargan la batería cada vez que se frena: HULC obtendría el «combustible» cada vez que diera un paso. Para Kazerooni, su creación no es un elemento para la guerra, sino que podría ser el reemplazo para la silla de ruedas.

Un acercamiento similar realiza el último científico que intenta imitar a Tony Stark. Se trata del experto en robótica Yoshiyuki Sankai, director de la empresa Cyberdyne (cualquier similitud con Terminator 2 es pura coincidencia) que ha creado el Hybrid Assistive Limb (Apéndice Asistente Híbrido) o HAL-5. Pero su apuesta es más osada que las anteriores. Sankai ha creado sensores que se adhieren a la piel del usuario y recogen directamente de los músculos las intenciones de movimiento y las envían al ordenador de HAL-5 que lo reproduce y dota a los usuarios de un 80% más de fuerza. Este dispositivo está diseñado más como una herramienta de rehabilitación que como una armadura superpoderosa. Pero en lo que los cuatro científicos sí coinciden es que estos diseños llegarán al público en una década. ¿Cuándo podrán volar? Quizás Jacobsen, Herr, Kazerooni o Sankai, jamás consigan que se eleve por los aires, pero si devuelven la posibilidad de caminar a otras personas ya se podrán considerar héroes.

4.3. DAREDEVIL

Ojos que no ven, cuerpo que siente

Hijo de un boxeador venido a menos y bebido a más desde la muerte de su mujer, Matthew Murdock perdió la vista a los 8 años cuando un camión, cargado de productos radiactivos, pierde su carga y parte del contenido salpica los ojos del niño. El accidente despierta la faceta de luchador del padre que obliga a Matthew a no rendirse y a continuar, con más ahínco aún, sus estudios. Esto hace que abandone los juegos en la calle y sus amigos del barrio, viéndole como un empollón que temía hacerse daño le llaman, irónicamente, Daredevil; temerario. El accidente de Matthew tiene, también, consecuencias en su padre, Jonathan Murdock, que comienza a centrarse y retoma su carrera deportiva con un agente apodado El Arreglador, por obvias razones. Los triunfos comienzan a acumularse y el futuro parece prometedor, al menos hasta que su agente le dice que en la siguiente pelea debe dejarse vencer y que si llegó hasta ahí fue porque él, su agente, amañó los combates. Jonathan Murdock desafía al promotor y vence, pero la victoria resulta amarga: los matones de El Arreglador acaban con él. Matthew queda huérfano y decide, como Bruce Wayne, alias Batman, erigirse en vengador de su padre y del crimen en general. Se confecciona un disfraz (que primero fue amarillo y luego cambió, afortunadamente, a rojo) y gracias a sus sentidos restantes, mejorados por la sustancia radioactiva y misteriosa, se convierte en Daredevil. Su oído funciona como un ecolocalizador, un sistema «visual» similar al utilizado por murciélagos y algunos mamíferos marinos, pero también y debido nuevamente a la misteriosa sustancia, su sentido del equilibrio, residente en el oído, se ha incrementado a niveles superiores a los de un acróbata, lo que le permite controlar los movimientos de su cuerpo a un nivel superior a cualquier humano.

Tu cerebro es plástico

¿Es posible que la pérdida de un sentido aumente la percepción de los restantes? Aunque parezca increíble, la respuesta es sí y de un modo ca-

tegórico. Nuestro cerebro es un órgano sorprendente y es capaz de
compensar no solo por la pérdida de un sentido, sino de toda una región. Neurólogos de la Universidad de California en Los Ángeles
(UCLA) han descubierto que en pacientes que carecían de un área denominada amígdala (encargada de las memorias emotivas), el cerebro
se encargaba de reconectarse para que otras regiones hicieran el trabajo de la amígdala. Esta habilidad es conocida como neuroplasticidad.
La importancia de esta investigación es que si los científicos logran
descubrir cómo funciona, podrían ayudar de un modo más eficaz a pacientes con enfermedades neurodegenerativas, como el Parkinson o el
Alzheimer. El caso más extremo de neuroplasticidad que se conoce es
una reciente hemisferetomía (operación que consiste en la extracción

o inhabilitación de uno de los hemisferios del cerebro) realizada a una niña estadounidense de 9 años, Cameron Mott. Esta niña sufría del Síndrome de Rasmussen, una dolencia que deteriora un hemisferio del cerebro. Tres años atrás, el Dr. George Jallo, neurocirujano del Hospital Johns Hopkins, le efectuó una hemisferectomía. Desde entonces Cameron se desarrolló como una niña normal, excepto por una pequeña cojera y una disminución de la visión periférica. Esto se debe, de acuerdo con Jallo, a que el cerebro de los niños es capaz de tomar el control sobre las funciones que antes ejercía el hemisferio extraído.

Como tú, el cerebro se adapta

Pero ¿y qué ocurre en el caso de Daredevil? ¿Qué pasa con aquellas personas con ceguera? Pues que su cerebro también se adapta. Lo que hace es utilizar la región que normalmente se encargaría del procesamiento visual para estimular los sentidos restantes. En particular las tareas del oído y del tacto. Así lo descubrió un estudio recientemente realizado por Josef P. Rauschecker, de la Universidad de Georgetown. Este profesor sometió a un análisis con Imágenes por Resonancia Magnética (MRi, ver Animal Man) a 24 voluntarios mientras realizaban una serie de tareas relacionadas con el oído y el tacto. Los voluntarios eran 12 ciegos de nacimiento y la otra mitad personas sin problemas visuales. Rauschecker explica lo que descubrieron: «el córtex visual de los no videntes presentaba una actividad mucho mayor que la de aquellos que sí veían, cuyo córtex visual, al ser pruebas de oído y tacto, casi no mostraba actividad. Por si fuera poco, pudimos observar una correlación directa entre la actividad cerebral de los no videntes y su desempeño: cuanto más precisos eran al resolver sus tareas, más actividad se podía detectar en el córtex visual». Estos descubrimientos muestran que las neuronas presentes en esta región del cerebro de los no videntes siguen funcionando, pero en lugar de responder a estímulos visuales, lo hacen a sensaciones auditivas o táctiles.

Veamos algunos ejemplos. Para que una persona pueda diferenciar mediante el tacto entre dos puntos sobre cualquier superficie, la distancia entre ellos no puede ser menor a 2 milímetros. Pues la distancia entre los puntos que conforman los caracteres del lenguaje Braille, es de 2,34, lo que significa que la habilidad para leer en este sistema está muy cerca del límite físico. Por ello la sensibilidad del tacto debe ser mucho mayor que la habitual. Aunque ni siquiera le llega a los a los talones a la auditiva.

Un oído fino, fino

Su importancia es tal que hace más de 250 años se acuñó un término para definirla: visión facial. Uno de los primeros en mencionarla fue el filósofo francés Denis Diderot, al hablar de un conocido suyo que era invidente: «Es capaz de distinguir los cambios mínimos en las corrientes de aire que le permiten diferenciar entre una calle y un pequeño callejón».

Del mismo modo que existe un espectro lumínico que indica nuestro rango visual (ver Superman), también hay uno auditivo. Para el hombre este va desde los 20 a los 20.000 hercios (en este caso, el hercio es la cantidad de veces que se repite una onda por segundo). Y al igual que la luz, el sonido también se mueve por medio de ondas; cuanto mayor es la frecuencia, más pequeña es la onda. El sonido puede llegarnos de modo primario o secundario. El primero se trata de objetos que emiten sonido por sí mismos. Mientras que el segundo caso se refiere a objetos que reflejan el sonido. Para entender mejor este último caso haz el siguiente experimento: sopla entre los dientes como si estuvieras intentando hacer callar a alguien. Luego pasa la mano rápidamente por delante de la boca mientras lo sigues haciendo. El sonido ha cambiado. Puede que esta variación sea mínima a tus oídos, pero es de la que se sirven los no videntes para ubicarse. El modo en el que lo hacen es, en cierta forma, similar al experimento que acabas de hacer. Solo que en lugar de silbar, ellos chasquean los dedos o chocan la lengua con el paladar para que el sonido que emiten interactúe con el ambiente y les devuelva un eco que les permita saber su localización (de aquí viene la palabra *ecolocación*). Esta habilidad, si la entrenamos, la podemos desarrollar todos, aunque difícilmente con el nivel de habilidad de los invidentes.

Oír con los ojos cerrados

En el Instituto Neurológico de Montreal, en la Universidad McGill se realizó un experimento para demostrar esto. El neurocientífico Robert Zatorre, realizó un test auditivo a personas ciegas y a personas que ven con normalidad. Este consistía en determinar cuan alta era una nota musical y de dónde provenía la fuente del sonido. Las expectativas se cumplieron y el mejor resultado lo obtuvieron los voluntarios ciegos. Pero también hubo una sorpresa: dentro de este grupo había tres subgrupos: aquellos que no veían desde el nacimiento, otros que eran ciegos desde los cinco años y, finalmente, quienes eran invidentes desde los 10. Los ciegos de nacimiento fueron los que obtuvieron el mejor puntaje, luego el segundo grupo y por último, los que no veían desde los 10 años, lograron un puntaje apenas por encima de los voluntarios que sí veían. Pero la sorpresa mayor llegó cuando todos los voluntarios fueron sometidos a una tomografía por emisión de positrones (también conocida como escáner PET, indica la actividad cerebral de una persona cuando esta desarrolla diferentes tareas) y demostró que, en los invidentes, al localizar sonidos, también se activaba el área del córtex visual (área donde se procesa el sentido de la vista). Para Zatorre esto indica que «la parte del cerebro que se ocupa de la visión, no muere o se atrofia si no recibe información, simplemente se adapta para cumplir colaborar en otras funciones, por ejemplo la auditiva».

El verdadero campeón

Un caso que demuestra muy bien esta habilidad es el de Alfredo Acosta. Este español de 27 años, se quedó ciego a los 7 debido a una degeneración visual. Y es subcampeón mundial de fútbol para ciegos en categoría B1 (ciego total). Alfredo me cuenta cómo es capaz de correr por un campo de fútbol sala sin salirse del límite, sin chocarse con adversarios y, al mismo tiempo, dar pases, interceptarlos y marcar en portería con un portero que sí puede ver. «La clave es el oído. Los balones son casi idénticos a los de fútbol sala, solo que en su interior tiene 4 o 5 canicas metálicas que suenan cuando el balón se mueve. Esto nos permite ubicarlo. Para saber las dimensiones del terreno, primero damos una vuelta por los laterales. El público o las paredes nos ayudan a saber cuan cerca estamos. Finalmente regatear o correr en la dirección correcta es también posible gracias al oído, allí nunca nadie se queda quieto y los ruidos nos permiten señalar las distancias respecto al adversario.» Los jugadores profesionales de fútbol para ciegos son capaces de distinguir a su rival al menos a 5 metros de distancia, gracias a los sonidos que emiten. Por último, para disparar a portería, los deportistas cuentan con un ayudante que se coloca detrás de ella y le guía. Si os parece fácil, probadlo, es mucho más difícil de lo que pensamos. Solo el hecho de correr, con los ojos cerrados, es un ejercicio durísimo que pone a prueba nuestra capacidad de ubicación y nuestro sentido del equilibrio. Pero para los verdaderos héroes, los que nos cruzamos en la calle a diario, es una tarea habitual.

4.4. Maxx

Bienvenido
a la realidad aumentada

Matrix se cruza con Origen y nace este superhéroe. Los protagonistas de la historia son Julie Winters y un vagabundo que vive en la calle. Todo comienza cuando Julie se detiene en su coche para ayudar a alguien que parece herido, pero es una trampa y es golpeada, violada y abandonada a su suerte a punto de morir. Para lidiar con la terrible experiencia, su subconsciente se fabrica otra realidad: ella es la Reina Leopardo, tiene los poderes de una diosa y vive en un sitio llamado El Interior. Este mundo le proporciona una tranquilidad tal que pasa más tiempo allí que en la realidad por lo que la frontera entre ambos mundos se vuelve poco estable. Una noche, accidentalmente atropella a un hombre en la calle (el vagabundo), pero vistas sus experiencias pasadas, cubre su cuerpo con basura y se marcha rápidamente. Sin saber que de este modo ha abierto un portal hacia El Interior y que su vida y la del vagabundo estar ligadas desde entonces. Cuando el vagabundo despierta no sabe dónde se encuentra ni quien es, solo que Julie es importante para él. Su misión en la vida (en la real y en El Interior) es protegerla. Y la misión de Julie, una trabajadora social, es sacarlo de la cárcel cada vez que este se mete en apuros. Pero la historia no termina allí. El Interior está poblado de criaturas violentas que buscan redención de un oscuro pasado y todas ellas están ligadas de algún modo a Julie o a Maxx (el nombre por el que se hace llamar el vagabundo). Por si fuera poco, cada personaje tiene su versión de El Interior, lo que convierte este cómic en un mundo alternativo y rico, pero un poco mareante.

Nada es lo que parece ser

Maxx, junto a su «novia», vive indudablemente en un mundo de realidad aumentada. Esta consiste en servirse de la tecnología para aumentar la información que nos brinda la realidad. De ahí el término: realidad aumentada. Existen programas, como el desarrollado por la

Universidad de Columbia que permiten «ver» a través de aplicaciones descargadas en un teléfono inteligente, como el IPhone, no solo la calle por la que transitamos, sino que también los niveles de CO_2 en esa zona. Esta tecnología se basa en la ubiquidad de los ordenadores y las rápidas conexiones a internet de las que disponemos actualmente (y que día a día son más veloces). El GPS es una aplicación de realidad aumentada, mézclala con el Goggle Maps y puedes recorrer ciudades virtuales de modo real. Y en tiempo real.

La realidad aumentada surgió de la mente (y los labios) de Tom Caudell en 1990. Este ingeniero aeronáutico la utilizó para describir un dispositivo, como un casco, que se ponían los operarios de Boeing al montar los sistemas de cableados del avión: se proyectaba una imagen de los cables sobre el fondo y lo único que tenían que hacer ellos era seguir el patrón. Fue entonces cuando comenzó a mezclarse la realidad virtual y la física. Hoy existen numerosas aplicaciones que se han diseñado para teléfonos inteligentes. AR Basketball, por ejemplo, es un juego en el cual la cámara de nuestro móvil transforma un papel que tiramos en un balón de baloncesto y nos permite, si somos habilidosos, encestarla en un aro virtual. Otra aplicación, menos entretenida pero infinitamente más útil y que explota mejor las posibilidades de la realidad aumentada es Layar. Gracias a la cámara del teléfono, la aplicación detecta, por ejemplo, un edificio determinado y sobrepone en la imagen, toda la información sobre este a través de Wikipedia. También se pueden ver fotos que alguien haya subido a Flickr, videos de You Tube y hasta buscar con Google otras relaciones con el lugar. Lo mejor de esto es que uno mismo puede enriquecer este programa con sus propias aportaciones.

La cruda verdad

Aunque fascinante, la realidad aumentada no se queda en facilitar la vida. También la mejora. El doctor Michael Aratow, es el jefe de información de los Servicios de Salud de San Mateo en California. Allí ya llevan 10 años utilizando esta tecnología en el campo de la medicina. ¿Recordáis ese juego que de pequeños nos permitía creernos cirujanos? Se llamaba Operación. Pues este juego ha llegado al siglo XXI y se ha hecho realidad. Veamos cómo sucede. La cirugía de invasión mínima utiliza una cámara muy pequeña que permite al médico visualizar el procedimiento que está llevando a cabo. Supongamos que se trata de neurocirugía: el médico superpone la imagen que capta la cámara del cerebro directamente sobre el cráneo del paciente. Esto les permite ser

mucho más precisos en los tratamientos y es una herramienta de gran valor a la hora de enseñar. Pero esto sigue. Ya en la consulta y utilizando un dispositivo similar al que se inventó para los ingenieros eléctricos de Boeing (el cual les permitía ver la disposición de los cables), los profesionales sanitarios podrían ver todo el historial del paciente al mismo tiempo que lo examinan.

Ver para curar

Otro científico que trabaja en realidad aumentada al servicio de la medicina es Christopher Stapelton, de la Universidad Central de Florida. Stapelton escanea la cabeza de una persona, exhibiendo su estructura ósea y luego proyecta la imagen directamente sobre el rostro del paciente lo que permite ver cómo se mueven los huesos a medida que cambian las expresiones.

Sí, pensaréis vosotros, todo esto es muy interesante, pero mientras tengamos que llevar con nosotros un teléfono móvil, dependamos de su batería y estemos a merced de si hay o no conexión a internet, la realidad aumentada es una muy bonita idea. Al menos hasta que se pueda ver directa y únicamente con los ojos. Pues la verdad es que podéis desechar el móvil. Eso es lo que asegura Babak Parviz, profesor de bionanotecnología de la Universidad de Washington.

El ojo humano es un prodigio de nanotecnología: puede detectar millones de colores, ajustarse instantáneamente a pequeños cambios de luz y transmitir información al cerebro a velocidades de vértigo. Pero Parviz no quiere detenerse allí y ha dado un paso más. Inspirado en las películas de Terminator, en las que un robot podía ver información de su entorno directamente sobreimpresa en su campo visual, este científico está diseñando unas lentillas que nos permitan hacer lo mismo.

Con nuevos ojos

Las lentillas convencionales están fabricadas con polímeros que siguen una estructura determinada para corregir los fallos visuales. Parviz ha incorporado circuitos de control y comunicación, antenas en miniatura en lentillas para que podamos ver una realidad mucho más enriquecida, una realidad aumentada. Eventualmente estas lentillas incluirán cientos de LEDs que formarán imágenes y textos frente a nuestros ojos. Y, para que no se interpongan en nuestro campo de visión, serán transparentes (como diapositivas). Parviz asegura que para que estas lentillas sean útiles no es necesario que sean complejas. Por ejemplo podrían incluir pequeños biomarcadores, indicadores de salud, que detecten concentraciones de ciertas moléculas, por ejemplo de glucosa. Los sensores colocados en el interior de la lentilla permitirían que el usuario sepa cuáles son sus niveles de glucosa en sangre y si necesita o no insulina. Configurados adecuadamente, los biosensores también podrían determinar los niveles de colesterol, sodio y potasio del usuario. Por si fuera poco, esta información podría ser inmediatamente enviada al hospital para que sea evaluada por el profesional.

El equipo de Parviz, según él mismo cuenta, se enfrenta a tres desafíos fundamentales para llevar a buen puerto esta lentilla (que ya se ha probado en conejos y ha demostrado que no es tóxica). Primero: no todas las partes de estas lentillas son compatibles entre sí y tampoco lo son con el polímero de la lentilla. Para evitar esto, lo que hacen es fabricar todos los elementos desde cero: desde la antena y los microprocesadores, hasta el tipo de LED y el polímero.

Por ejemplo los circuitos y los LEDs se confeccionan con químicos corrosivos y a altas temperaturas, ambos incompatibles con los polímeros de las lentillas por lo que no se pueden realizar directamente sobre ellos.

Esto les lleva a un segundo inconveniente que es miniaturizar todos los componentes para que quepan en un espacio de 1,5 centímetros cuadrados. Por ahora no lo han resuelto del todo, pero sí han logrado un sistema de ensamblaje propio que les permite integrar varios circuitos en la lentilla. Por último, la lentilla debe ser biocompatible y los LEDs, por ejemplo, están hecho en su mayoría con aluminio galio y arsénido, los cuales son tóxicos.

Al alcance de tus ojos

Hasta el momento han sido capaces de fabricar el monitor de glucosa y otros biosensores que responden a una molécula determinada enviando una señal eléctrica. También han logrado diseñar componentes microscópicos, incluidos transistores de cristal de silicio, antenas, detectores de luz hechos de silicona, difusores de resistencia y chips de radio y han demostrado que todos estos componentes pueden ser integrados en un polímero transparente. Y, por si fuera poco, «hemos hecho un prototipo con LEDs, un pequeño chip de radio y una antena y hemos transmitido energía, sin cables, suficiente para encender las luces», asegura el propio Parviz.

Y por último también están trabajando en algo que seguramente os habéis preguntado: ¿cómo podrán ver la información en las lentillas si la distancia mínima para leer algo es de al menos unos 10 centímetros? Para ello están desarrollando una sucesión de lentillas más pequeñas sobre la superficie de la propia lentilla que actúen como una «lupa inversa», es decir, alejando la imagen. Estos microlentes ya se utilizan actualmente y servirían para que el usuario vea la imagen, suspendida en el aire, a medio metro de distancia.

Claro que falta una pregunta final, ¿cómo alimentarán todo el sistema de luces y transistores? Parviz lo tiene muy claro ya que tienen numerosas opciones: «Una posibilidad es convertir las vibraciones en energía o recibir esta del sol. También es posible obtenerla de la inercia propia del movimiento ocular. Pero por ahora, el modo más eficiente es la energía solar». Con ello y sin duda, tendríamos la realidad aumentada al alcance de nuestros ojos.

4.5. Linterna Verde

¿Hay alguien ahí?

Pese a que hubo numerosos personajes que llevaron este nombre en el universo Marvel (al menos 4), vamos a hablar de quien comenzó la saga: Alan Scott. Cuenta la leyenda que miles de años atrás un meteorito de «llama verde» cayó en la antigua China. La voz en la llama profetizó que actuaría tres veces: una trayendo la muerte, la segunda vez dando vida y una última dando poder. Al principio los habitantes del lugar no creyeron nada de lo que sucedía y la piedra se la quedó un fabricante de lámparas que la utilizó para una de sus creaciones. Al ver la obra, el pueblo sintió que aquello podía ser una muestra de sacrilegio, el pueblo lo mató. Un segundo más tarde todos perecieron fulminados por una llamarada verde (si murieron todos... ¿quién lo contó?). Primera profecía cumplida. Siglos más tarde y, por algún mecanismo propio de las profecías, la lámpara llegó a manos de un paciente de un instituto mental, cuya salud fue restaurada y pudo recuperar su vida. Segunda profecía. Finalmente le llega el turno a Alan Scott. Tras convertirse en el único superviviente de un accidente de trenes, la lámpara se presenta ante Scott y le enseña cómo hacer un anillo a partir de sus componentes, lo que le da un poder extraordinario (se ha descrito como el arma más poderosa del Universo) y dota a Linterna Verde de innumerables capacidades. Las más interesantes para nosotros son la capacidad de generar agujeros de gusano para transportarse a cualquier sitio del cosmos, el poder de atravesar materiales sólidos, dejar en animación suspendida a cualquier ser humano y reconectar las sinapsis de criminales muertos para extraer información de ellos.

La información (de tu cerebro) es poder

Mucho más que la habilidad de crear agujeros de gusanos o tener un anillo con superpoderes, y el superpoder más atractivo de este personaje es la extraer información del cerebro de los muertos. Un poco como en aquellas películas en las cuales se intenta sacar la imagen de lo último que los muertos han visto: posiblemente su asesino. Y resulta la más interesante no solo porque es posible, sino porque ya se ha hecho. El experimento fue realizado por el neurocientífico Ben Strowbridge de la Case Western Reserve School of Medicine y permitió almacenar recuerdos en un cerebro muerto y luego recuperarlos. Strowbridge y su equipo trabajaron con parte de un cerebro de ratón, específicamente con la región del hipocampo, implicada en almacenar los recuerdos.

Los expertos reconocen que existen tres tipos de memoria: una declarativa (útil para recordar hechos o sucesos específicos) otra de procedimiento (la que recuerda cómo se monta en bicicleta) y las de trabajo (que almacenan recuerdos a corto plazo). Es en esta última memoria en la que se concentraron los neurocientíficos. Lo que hicieron fue estimular mediante electrodos un grupo de neuronas en el hipocampo. Diez segundos más tarde, estas recordaban qué electrodo las había estimulado. Esto lo descubrieron al ver un patrón de actividades específicos en esta región del cerebro. Strowbridge comenta que «la información permaneció almacenada en el tejido durante 10 segundos. El mismo tiempo que se almacena, naturalmente, en los mamíferos, incluido el ser humano. Es muy posible que esto solo funcione en regiones muy específicas del tejido cerebral, como el hipocampo. Pero no deja de ser curioso que el cerebro, aún muerto, sea capaz de realizar algunas funciones. Es la primera vez que alguien ha logrado almacenar recuerdos en zonas del cerebro de mamíferos activadas espontáneamente y no es extraño que lo hayamos hecho en una zona del cerebro, como el hipocampo, que es la que más se asocia a la memoria».

Aprender de los recuerdos

Los neurocientíficos buscan constantemente aprender cómo funciona el cerebro y «escribir» un vocabulario con sus ondas. Si fuéramos capaces de reconocer e interpretar cada una de ellas (ver Animal Man), podríamos reescribir un diccionario que nos permitiera estimula un cerebro muerto y traducir esa información. Los primeros pasos para ello ya se están dando. Y aquí en España.

Recientemente la revista *Quo* realizó la primer neuroportada de una publicación española. Para ello convocó a unos diez voluntarios que vieron cómo sus ondas cerebrales eran analizadas mientras se les mostraban diferentes opciones de portadas. El estudio fue realizado

por investigadores del CSIC con el experto Manuel Martín Loeches a la cabeza (literalmente). El equipo de Loeches es quien ha descubierto una onda cerebral relacionada con la sorpresa: cuando vemos algo que nos resulta agradablemente novedoso o distinto, esta onda aparece en el encefalograma (esta era la onda que buscaron en el experimento realizado con la revista *Quo*). Pero los neurocientíficos especulan que cada emoción tiene una onda cerebral distinta y distintiva (algo que veremos en el capítulo de Hulk, cuando hablemos de los estados de ánimo).

El jamonero mental

Cada semana, los expertos nos descubren algo nuevo en relación al cerebro. Puede que nunca lleguemos a saberlo todo, pero hay quienes se preocupan de que tengamos todas las herramientas para hacerlo. Uno de ellos es el doctor Jacopo Annese que está realizando el Google Map del cerebro humano. Annese ha recortado un cerebro humano en 2.401 lonchas, cada una más fina que un cabello humano. Para conseguir esto se congela, con un gel especial, el cerebro y un especialista (digamos un neuro-jamonero) realiza los cortes que deben ser todos idénticos. Cada una de estas lonchas es fotografiada en unas mil secciones distintas para ser estudiada en modelos de 3D y descubrir cómo se conecta con la anterior y la siguiente, lo que les permite a los expertos trazar una suerte de mapa de todas las rutas neuronales del cerebro. Esto se está haciendo con el cerebro de la mosca, pero, para que nos demos una idea, la cantidad de imágenes necesarias es superior a las que hay actualmente en Facebook. Y eso que es un cerebro del tamaño de la cabeza de un alfiler. Pero el conocimiento que nos puede aportar un posible mapa del cerebro humano, es idéntico al que nos facilitaría el Universo entero. Sabríamos la ubicación de todo y podríamos resolver muchas enfermedades neurodegenerativas.

4.6. Ka-Zar

O cuando Tarzán llegó a Marvel

Ka-Zar es el hijo mayor de lord Robert Plunder, el noble inglés que descubrió la Tierra Salvaje. Allí viven los Hombres-mono (y otras criaturas de todas las épocas) en ninguna armonía. No es de extrañar que en uno de los viajes de su padre, los Hombres-mono lo asesinen y Ka-Zar, por entonces apenas un niño se quede solo y sea criado por Zabu, un tigre dientes de sable; de ahí su nombre: Ka-Zar significa «hijo de tigre» en la lengua de los Hombres-mono. Pese al aparente aislamiento, Ka-Zar luchó junto a muchos otros superhéroes como Spiderman, los X-Men y Los Vengadores. También descubrió un extraordinario yacimiento de vibranium en su tierra.

Receta para ser salvaje

¿Puede un niño (que no se llame Mowgli) ser criado por animales y sobrevivir? Pues parece que sí. Desde los tiempos de Rómulo y Remo (criados por una loba, de acuerdo con la mitología romana), ha habido numerosos casos en todo el mundo que se refieren a niños salvajes. En total existen actualmente 137 casos documentados de niños que han sobrevivido durante un largo tiempo en un medio hostil, ya sea solos o «criados» por animales. Muchos de ellos han terminado por probarse como bulos. Por ejemplo el caso de Amala y Kamala, dos niñas de la India quienes supuestamente fueron encontradas por unos misioneros cerca de un orfanato de Calcuta en 1920. Desafortunadamente para las niñas, la realidad era muy distinta. Hoy se sabe que todo fue una mentira ideada por el religioso que dirigía el orfanato, Joseph Amrito Lal Singh, con el fin de recaudar fondos. Quien lo desenmascaró es el autor de un libro llamado *El enigma de los niños lobo*, el doctor Serge Aroles. De acuerdo con la versión de Singh, él siguió el caso de las niñas día a día a través de un diario, que más tarde se supo comenzó a escribir en 1935, 6 años después que murieran las niñas. La fotografía que las muestra comiendo carne cruda y apoyadas en sus cuatro extremidades, fue tomada en 1937. Por último, el doctor encargado del orfanato aseguró en una entrevista al *American Journal of Psychology*, en 1934, que las niñas no sufrían ninguno de los trastornos psicológicos que Singh señalaba en su diario. Como este caso, muchos resultaron ser invenciones: los niños-gazela, hallados en el Sahara (¡podían correr a más de 50 kilómetros por hora!) fueron un bulo creado por el viajero vasco Jean Claude Auger. Pero muchos otros aún son un misterio. Una niña de Camboya que vivió casi 20 años en la jungla o Lyokha un niño ruso, que se supone tiene entre 10 y 12 años y que vivió entre una manada de lobos, Daniel, un niño peruano que habría sido criado durante ocho años por cabras o Belo, quien durante un año y medio formó parte de una familia de chimpancés en Nigeria. Pero el caso más llamativo, porque hasta ahora nadie ha podido probar que fuera una mentira, es el del español Marcos Rodríguez Pantoja.

Como Rómulo y Remo

Cuando Marcos tenía 7 años su padre lo vendió a un pastor de Sierra Morena (Córdoba). Este pastor, Damián, le enseño a cazar, a pescar, a moverse por el monte y a identificar las cualidades de cada planta de la zona. Pero un día, Damián salió a cazar y nunca más regresó. Marcos pasaría más de una década en completa soledad. Al menos soledad humana. Marcos mismo «cuenta» en un libro llamado *Juego entre lobos*, escrito por el antropólogo Gabriel Janer, que un día se adentró en una cueva y se puso a jugar con unos lobeznos. La madre, al llegar de caza, fue primero agresiva, pero luego de algunos días, le dejó un trozo de carne. La relación llegó hasta tal punto que se convirtió en macho alfa de la manada. Cuando Marcos contaba con 19 años (en 1965) fue capturado por la Guardia Civil y enviado al servicio militar. Quienes lo encontraron, confirmaron a Gabriel Janer la versión de Marcos: el tiempo que estuvo ausente, la zona en la que fue hallado, las condiciones en las que estaba cuando fue capturado. Pero lo que verdaderamente habría confirmado la vida de Marcos fue lo que sucedió unos meses atrás. Cuando se encontraba filmando su vida (*Entre lobos*, obra de Gerardo Olivares), cinco lobos se acercaron a él y se pusieron a jugar como si fuera de su propia familia. Todo el equipo de filmación estaba alucinado, pero quien estaba más sorprendido fue el criador de lobos Pepe España, quien aseguró que nunca había visto algo así en su vida.

Una historia verdadera

Para saber cómo es posible que un niño sobreviva a estas condiciones, he hablado con el antropólogo que escuchó su historia por primera vez: Gabriel Janer Manila. Es él quien me cuenta que «a lo largo
de la historia habrá habido muchos casos de niños que fueron abandonados, marginados de la vida social. Son niños a los que no se les
permitió iniciar o se interrumpió el proceso de sociabilización. Muchos de ellos debieron morir en su abandono. Otros sobrevivieron y
algunos, muy pocos, han vivido el intento de reincorporarlos a la vida
social a través de un proyecto de educación. Es el caso de Víctor, el niño
salvaje de Aveyron, de quien tenemos los informes que Jean Itard escribió y a partir de los cuales François Truffaut filmó *L'Enfant Sauvage*.

Con los trabajos de Itard se inició la pedagogía experimental.» Entonces criarse sin afecto, no es algo indiferente, le pregunto. «El ser humano necesita sentirse querido. De hecho la afectividad contribuye al desarrollo de algunas zonas del cerebro. Por eso se ha dicho que sentir el afecto de los demás tiene una función fisiológica en el sentido que permite la maduración de ciertas neuronas.» El entorno social que brinda una vida de 12 años, como en el caso de Marcos, junto a otra especie, ¿puede reemplazar a la compañía humana? «Hay que considerar el momento en que se produce la marginación. Pero cabe señalar un hecho determinante: lo irreversible de los signos que la personalidad ha adquirido en su relación con otras especies. Un sistema de vida no se adquiere de forma que, cuando fueron abolidas las circunstancias que lo determinaron, la persona puede deshacerse de él con facilidad. Es difícil prescindir de aquello que hemos configurado durante la relación con animales.» Después de un tiempo, Marcos logró transformarse en macho alfa (líder) de la manada de lobos, ¿cómo puede un individuo de una especie transformarse en miembro primero y luego en líder de otra especie? «No puedo decirlo. Sí es posible que un ser humano sea aceptado por otros animales, especialmente por lobos y que se establezca una relación afectiva entre ellos.»

Un mito muy real

¿Por qué dice especialmente por lobos? «Ha sido demostrado científicamente que el cerebro de los lobos, especialmente de las lobas, en determinados momentos de su vida, pueden desear la maternidad y, por tanto, si se produce un encuentro, adoptar una cría humana. Pienso además que el lobo es un ser extremadamente inteligente y que, posiblemente Marcos, fue capaz de penetrar en su espacio social. Es un tema interesantísimo que, naturalmente, aporta muchas más preguntas que respuestas. Un día Marcos imita el berrido de un ciervo que llama a las hembras, este le confunde con otro ciervo que quiere disputarle sus dominios. La conducta de los lobos con respecto a Marcos es inquietante, pero hay que pensar que en los viejos mitos ya se cuenta la historia de niños abandonados que fueron amamantados por una loba. Se trata de una construcción literaria, pero que tiene sus raíces en la relación del hombre con los animales. Entre unos y otros no existe una frontera determinante.»

4.7. Kick Ass Kid

No hay dolor, no hay dolor

Este ¿superhéroe?, no tiene nada que lo identifique con sus predecesores: su traje no tiene ninguna propiedad en particular, de hecho lo compró a través de una página web. No ha sufrido mutaciones, sus padres no son multimillonarios y él está muy lejos de ser un genio de la física o de la biología. Su único talento es una obsesión compulsiva hacia los cómics. Así es como un día decide convertirse en uno de sus admirados personajes. Se compra un disfraz (porque no es más que un traje para usar en Carnaval) por e-bay y durante un tiempo practica con el propósito de moldear su físico. Pronto le llega la primera misión: un robo. Pero Kick Ass, y también su alter ego Dave Lizewski, son vapuleados estrepitosamente y acaban con varias fracturas, una puñalada en el pulmón y atropellado mientras intenta huir. Por si todo esto fuera poco, alguien filma el encuentro y lo cuelga en YouTube. Y precisamente esto es lo que salva a Kick Ass: su paliza es vista por millones de personas que se identifican con el valor del indefenso joven y deciden hacer algo por su cuenta… Desde ese momento, la ciudad se llena de «superhéroes» que persiguen la justicia en sus ratos libres. Pero hay algo que hace que Kick Ass tenga una ventaja sobre los demás. El sí tiene un poder, que es, al mismo tiempo, una maldición: nada le causa dolor.

No siento las piernas

Para entender cómo alguien logra ser inmune al dolor, primero hay que comprender su funcionamiento. Habitualmente, pensamos en nuestro cerebro como un órgano que activa e interpreta todos nuestros sentidos: toda la información es procesada allí. Vemos a nuestro cerebro como el que nos permite sentir. Y si bien es verdad, también ejerce una función fundamental y, aunque parezca increíble opuesta: nuestro cerebro es un gran inhibidor. Hagamos una pequeña prueba y verás. Tienes este libro entre tus manos, piensas que estás viendo solo las páginas, pero tus ojos también detectan todo lo que sucede en tu campo visual. Aunque no seas consciente de ello, tus piernas sienten el tejido de la ropa, tu piel la temperatura ambiente y tu oído detecta hasta el más mínimo sonido. Pero tu cerebro anula todo ese «ruido» para que puedas concentrarte en tu lectura. Imagina cómo sería si no ejerciera esta función inhibidora. Con el dolor sucede algo similar. Nuestro cuerpo está rodeado por una autopista de nervios, que son un conjunto de células nerviosas (neuronas).

La clave de su éxito

Uno de los sentidos que mencionamos cuando hablamos de Concrete era la nocipercepción, el sentido del dolor. Al contrario de otros sentidos, este no tiene un órgano específico (como los ojos, o los oídos) que sirva de receptor al estímulo. Tampoco están rodeados de estructuras especiales, como los corpúsculos de Merkel que detectan la presión en nuestra piel. Lo que sí tiene es un contacto permanente con la autopista de nervios de la que hablamos antes a través de los nociceptores. Estos receptores se distinguen porque se activan o se excitan cuando el estímulo es muy alto, al menos en comparación con otros receptores como los del tacto. Si no fuera así, no podríamos diferenciar entre un roce y un corte profundo. Básicamente, estos receptores funcionan del mismo modo que las neuronas: transmiten información mediante señales eléctricas que son activadas por la presencia de ciertos químicos como el sodio. La células termoreceptoras (aquellas que nos alertan cuando algo está muy caliente) se activan y comienza a enviar información a sus vecinas cuando sobrepasan el umbral de los 10 milivoltios, cuando en general las neuronas se activan con 1 milivoltio. Se ha realizado un experimento muy interesante para ver los caminos del dolor desde su recepción en los nervios hasta su interpretación por el cerebro insertando en las células nerviosas un tipo de tinte sensible al sodio (el químico que desencadenaba la conexión entre los nociceptores). Pero hay una pregunta que aún no hemos resuelto. ¿Por qué sentimos dolor?

Si no duele, no sirve

Vale, hay daño de los tejidos. Es verdad, es una señal de alarma del cuerpo, pero esto responde al propósito y la razón del dolor, no a lo que ocurre en nuestro cuerpo para que lo sintamos. Básicamente pasa lo siguiente: ¿recordáis que dijimos que las células encargadas de enviar la información se activan solo a partir de los 10 milivoltios? Pues esto es

cada una de las células, cuantas más células reciben el estímulo que las «despierta,» más voltios recorrerán esta zona del cuerpo para activar las alertas. Y esta señal se transmite prácticamente a la velocidad de un Fórmula 1: unos 300 km/h. Esto es 300.000 m/h o, en términos corporales la velocidad se transmite a más de 80 centímetros de distancia en menos de la milésima parte de un segundo. Los mecanismos del dolor son una fuente de información fundamental para crear analgésicos eficaces. Por ello, las personas, reales, que tienen la misma capacidad que Kick Ass Kid de no sentir dolor son una fuente de información fundamental.

En la realidad existen casos como el de Kick Ass Kid. Recientemente se han descubierto en el norte de Pakistán tres familias cuyos integrantes tenían la mutación de un gen, el SCN9A, que impedía o dificultaba el paso de la información de una célula a la otra y no sentían el dolor. Los miembros de dichas familias trabajaban como fakires o en circos, atravesando sus brazos con espadas y caminando sobre brasas ardientes sin sentir ningún tipo de dolor, aunque eran capaces de sentir por el tacto la presión y la temperatura; presentaban heridas en labios y lengua de tanto morderse de pequeños, malformaciones por fracturas no curadas y hasta quemaduras por agua hirviendo. De hecho, uno de los niños murió al saltar desde un tejado. El estudio de este gen permitirá diseñar analgésicos mucho más específicos y quizás permita a estas personas tener una calidad de vida mucho mejor.

VILLANOS

4.8. Barón Zemo

Pegar es la solución

Un villano víctima de su propia maldad. El Dr. Heinrich Zemo es el 12.º Barón Zemo, uno de los científicos más reputados del partido nazi y, por lo tanto, acérrimo enemigo del Capitán América. Un tipo sádico que reflejaba el odio de una sociedad después de saber las atrocidades cometidas por el régimen nazi en la Segunda Guerra Mundial (el personaje aparece por primera vez en 1946). Zemo se caracteriza por ser el inventor de innumerables armas de destrucción masiva que probaba tanto en prisioneros de guerra como en civiles: uno de sus rayos mortales destruyó por completo una ciudad alemana. Con el propósito de obtener un poco de anonimato, Zemo, comenzó a utilizar una máscara que cubría su cara. Sería el principio del fin. Este villano es más conocido por ser el creador del adhesivo X, un pegamento que en su momento no podía ser removido con ningún medio conocido, y que estaba listo para ser lanzado sobre las tropas aliadas. Afortunadamente para «el mundo civilizado», el Capitán América llegó justo a tiempo, tanto de impedir que se lanzara el cargamento, como de arrojar su escudo al contenedor de pegamento junto al que estaba el Barón Zemo: desde entonces el villano científico no consiguió despegarse jamás la máscara, que si bien llevaba agujeros para los ojos (no preguntéis por qué no cayó líquido en los ojos, por favor) y la nariz, no tenía orificio alguno para la boca y desde entonces debió ser alimentado por vía intravenosa.

Los Pegamoides

Indudablemente a los guionistas de DC Cómics se les ocurrió crear este personaje cuando se preguntaron: «Si nada se pega al teflón… ¿cómo se adhiere este a las sartenes?» (La respuesta es con una película de arena.)

No es extraño que el pobre Heinrich haya creado el pegamento más poderoso conocido, ya que son precisamente los seres vivos los que los producen. Y es que pese a todos los avances tecnológicos, los mejores adhesivos los hace la naturaleza. Desde los sumerios, que hervían las pieles de los animales para hacer cola, pasando por los romanos que mezclaban sangre, orina y una proteína de la leche (la caseína) para unir piedras, hasta los 250.000 tipos de pegamento que ha creado el hombre, ninguno es comparable a los que hay en el reino animal. Veamos dos ejemplos. El bioingeniero Russell Stewart de la Universidad de Utah, ha creado un nuevo tipo de adhesivo inspirado en el pegamento producido naturalmente por una especie de gusanos marinos, el *Phragmatopoma californica*. Este animal construye su hogar en forma de tubo, uniendo uno a uno granos de arena gracias a un cemento compuesto por proteínas. Lo extraordinario es que lo hace debajo del agua, lo que demuestra la capacidad del material para resistir condiciones de humedad y presión extremas. El pegamento basa sus propiedades en las cargas positivas y negativas que contiene. Estas se asocian y se solidifican cuando cambia la temperatura o el nivel de acidez del agua. Imitando esta composición, Stewart logró un material que es dos veces más resistente que el original y le permitió unir dos fragmentos del fémur de una vaca. Al ser biocompatible, este nuevo adhesivo podría reemplazar los medios mecánicos, como tornillos o placas que se utilizaban hasta ahora en fracturas complejas.

Adherirse a nuevas investigaciones

El segundo ejemplo es el geckel, mezcla de gecko (salamanquesa en español) y mussel (mejillón). Las salamanquesas son capaces de desplazarse en todas las dimensiones, es como si no obedecieran a la ley de gravedad. Caminan por las paredes verticales o por los techos igual que por el suelo. El único defecto es que no pueden permanecer quietas mucho tiempo. Esto lo consiguen gracias a que cada pata del animal cuenta con miles de pequeños filamentos de 200 nanómetros (un nanómetro es la millonésima parte de un milímetro) que, en cierto sentido, se «adhieren» a las microscópicas imperfecciones que hay en cualquier superficie. Así se transforma en un potente adhesivo que, pese al uso constante, jamás pierde sus cualidades.

Por su parte, los mejillones tienen los bisos, esos pelillos que les permiten adherirse a las rocas sin importar si están bajo el agua o en la superficie. De hecho, el investigador Ingo Grunwalds del Instituto Fraunhofer de Investigación Aplicada de Materiales (IFAM) de Alemania, ha comprobado que los mejillones se adhieren al teflón, cuando supuestamente nada lo hace.

Ambos organismos poseen pegamentos con virtudes únicas, y Phillip Messersmith, de la Universidad Northwestern, no tuvo mejor idea que unirlos para formar el geckel. Y el resultado es un pegamento con un poder de adhesión 15 veces superior al del mejillón, pero que puede ser despegado miles de veces sin sufrir cambios. El geckel se puede usar bajo el agua y es biocompatible. Ya quisiera Zemo haber conseguido un logro como este. Sobre todo porque se puede quitar sin problema.

4.9. El Camaleón

Para gustos, colores

Dimitri Smedyakov es uno de los primeros villanos de la amplia galería de enemigos de Spider. Medio hermano de Sergei Kavinoff (quien más tarde sería conocido como Kraven) tenía una relación de amor-odio debido a los constantes abusos a los que era sometido por este. Pese a ello era admirado por Sergei debido a su talento para personificar a amigos y extraños. Su primera actividad criminal es usurpar la identidad de Spiderman para robar un banco, pero es descubierto y encarcelado. El odio del Dimitri hacia el Hombre Araña se dispara cuando Kraven se suicida. Entonces culpa al superhéroe de ello y toma una decisión irreparable: ingiere una poción que hace que su cara pierda todos los rasgos y sea moldeable a voluntad. Así nace El Camaleón. Más tarde se hace con un tejido con memoria que responde a sus impulsos nerviosos y le permite tomar la identidad de quien desee.

Obviamente la ciencia no ha avanzado tanto como para que cambiemos nuestro rostro a voluntad. Pero Dimitri se ha bautizado a sí mismo con el nombre de un animal capaz de cambiar su color de piel para confundirse con el entorno. Y no es el único que lo puede conseguir.

Cambiar la sintonía

Existe cerca de un centenar de especies de camaleones que pueden cambiar a colores que incluyen el rosa, el azul, el rojo, el naranja, el negro, el verde, el marrón, el púrpura, amarillo o turquesa, entre otros. Estos cambios obedecen a diferentes razones, no solo a camuflaje. De hecho, de acuerdo con los científicos, esta estrategia surgió más tarde en la evolución. La primera fue una manifestación fisiológica del estado del animal o un indicador social. Los camaleones cambian de color para mostrar su jerarquía, para responder a las condiciones de luz (si tiene frío se vuelve más oscuro, ya que estos tonos absorben más radiación) o para atraer a las hembras (algunos cambian de marrón al púrpura en el cuerpo y amarillo con manchas verdes en las pestañas).

Pero ¿cómo lo hacen? Estos animales tienen células especializadas llamadas cromatóforos que se ubican en diferentes capas bajo su piel exterior que es transparente. Las células de la capa superior se denominan xantóforas y eritróforas y contienen pigmentos amarillos y rojos respectivamente. Por debajo de ellos se encuentran una sustancia sin color llamada guanina, que refleja la parte azul del espectro lumínico. De este modo, si la capa superior de las células es principalmente amarilla, el camaleón se verá verde por la mezcla de azul y amarillo.

La luz es el color y viceversa

Por debajo de esta capa celular se encuentra la melanina, más oscura y la encargada de determinar la luminosidad del color. Todas estas células están llenas de pigmentos granulosos que se ubican en el citoplasma. El grado de dispersión es el que marca la intensidad del color: si el pigmento está distribuido homogéneamente en la célula, el color resultará intenso, pero si se encuentra solo en el centro, será más apagado. La totalidad de las células pueden variar la localización de los pigmentos (por ello están tan especializadas), influyendo así en el color del camaleón que puede cambiar en solo 20 segundos.

Pero hay otros animales que también cambian de color. Por ejemplo el escarabajo tortuga dorado, habitualmente tiene un brillante tono… dorado (era obvio). Pero lo puede cambiar a un naranja brillante con manchas negras para evitar a sus depredadores: aves que encuentran deliciosos los escarabajos, pero le huyen a las mariquitas.

La araña corteza de Darwin (*Caerostris darwini*) recurre al cambio de color por una estrategia opuesta: para cazar. Cambia de color según el entorno para poder acercarse más a su presa.

Humanos camaleónicos

¿Podríamos nosotros adquirir esta habilidad? De hecho, casi la tenemos. Remontémonos un poco en el tiempo. La iniciativa TimeTree of Life (El árbol de la vida temporal) es un proyecto muy interesante de Blair Hedges (biólogo evolucionista de la Universidad de Pensilvania) y Sudhir Kumar (doctor en genética y biología de la Universidad de Arizona). Ambos científicos han elaborado una base de datos de casi todas las especies conocidas y las relaciona con el primer antepasado en común. Por ejemplo, de acuerdo a su base de datos (disponible en www.timetree.org) los humanos compartimos un antepasado con los

camaleones hace 428 millones de años. Pero a la hora de cambiar de color de piel, este tatarabuelo no nos sirve de nada.

Pero (en la ciencia casi siempre hay un pero) sí podemos servirnos del pez cebra, la trucha o el salmón. Hace 455 millones de años poblaba la Tierra un lejano pariente común del *Homo sapiens* y los salmones (así lo afirma el TimeTree of Life). Lo interesante es que recientemente el doctor en genética Roger Cone, de la Universidad Vanderbilt, descubrió un gen, el *agrp2*, que permite a los organismos que lo tienen cambiar su color de piel para mimetizarse con el entorno. ¿Por qué es interesante? Pues porque los humanos tenemos dos genes de esta familia (la *agouti*) y son los que determinan nuestro color de piel y de cabello. Por si fuera poco, este gen también se ha detectado en mamíferos. La liebre ártica (*Lepus articus*) cambia su pelaje, blanco en invierno, a marrón cuando llega la primavera. Y de esta liebre nos separan «solo» 103 millones de años.

4.10. EL CONMOCIONADOR O IMPACTO

Un golpe de suerte

Herman Schultz nace en Nueva York y pese a estar dotado de una alta dosis de talento para la invención y la ingeniería, decide dedicar su vida al crimen (suena repetitivo, pero siempre hacen falta más villanos que héroes). Sus habilidades pronto le permiten ser conocido como el mejor violador de cajas fuertes del mundo. Finalmente es capturado, pero en la cárcel diseña unos guantes que despiden aire comprimido y que, al ser disparados, vibran a una presión tal que son capaces de destruir y desestabilizar estructuras de gran tamaño. En pocas palabras Shocker, su nombre original, tiene el poder de los terremotos en sus manos. Y si fuéramos superhéroes deberíamos preocuparnos bastante porque no hay mucho que podamos hacer cuando se desencadena un terremoto.

Pero para saber cómo frenarlo, primero es preciso comprender cómo empieza.

¿Se pueden evitar?

Nuestro planeta es como una cebolla, tiene diferentes capas.[1] La parte externa, la más fría y rígida, es la litosfera y está formada por una serie de gruesas láminas, llamadas placas tectónicas, que se desplazan unos 2,5 cm/año, a un ritmo muy similar al que crecen las uñas de los dedos de las manos. Porqué se mueven es un tema que la ciencia aún no ha resuelto, pero la explicación más aceptada tiene que ver con las corrientes de convección en el interior del manto terrestre.[2] El desplazamiento de

---

1. Para información sobre el núcleo terrestre, ver Magneto.

3. La convección es un modo de trasferencia de calor y se produce en medios fluidos, como el núcleo del planeta. El núcleo exterior de la Tierra es líquido y la parte de este líquido que está más cerca del núcleo interior (sólido) al calentarse asciende y hace que el fluido más alejado del centro (y más frío) descienda, hasta que se calienta y reincida la serie. Este ciclo de movimiento continuo es lo que mantendría en movimiento las placas.

estas placas ocurre en un espacio finito, la Tierra y tarde o temprano se produce un choque entre ellas. A veces, las sobreexposiciones de las placas genera nuevas cadenas montañosas pero en la mayoría de las ocasiones, ocurre un terremoto. El espacio entre placas es conocido como falla. Allí se acumulan grandes cantidades de rocas que se mantienen en su sitio gracias a la fricción. Imagina que colocas tu mano sobre varias canicas, al desplazar la mano, las canicas también se mueven. Ahora imagina que lo haces en una caja y que las canicas son tantas (apenas un poco más que el área de la caja) que el movimiento de tus manos, en algún momento, las hará subirse unas encima de otras y hará que tu mano también suba. Esto es, muy por encima, un terremoto. Cuando este fenómeno terrestre se desencadena, las ondas causadas por la energía liberada comienza a propagarse en forma esférica (igual que al lanzar una piedra a un estanque). Al principio, en el epicentro,[3] lo hacen con gran energía y velocidad, pero a medida que encuentran obstáculos, como la fricción que antes mantenía las rocas en su sitio, su fuerza va disminuyendo.

Como piedras en un estanque

Las ondas sísmicas, al comenzar un movimiento sísmico, se propagan en forma esférica, más o menos como cuando arrojamos una piedra a un estanque. Si en la falla hay un material que incrementa la fricción, el terremoto podría detenerse bastante rápido. Ocurriría lo mismo que cuando esquías sobre nieve y de pronto se acaba y acabas deslizándote en tierra: frenas casi de golpe. El problema al que se enfrentan los geólogos al simular modelos para detener terremotos es qué hacer con la energía que se genera. Podemos impedir que esta desencadene un sismo, pero no se puede evitar que se genere. Hasta que no sepamos aprovecharnos de este movimiento, los científicos se centran más en la protección que en la predicción.

---

3. Las ondas sísmicas se dividen en ondas P (las que rebotan en el núcleo líquido) y las ondas S (las que el núcleo absorbe). Estas ondas viajan a distintas velocidades y esto es lo que permite detectar al epicentro de un terremoto. Al medir la diferencia de tiempo entre ambas ondas y la distancia recorrida, los geólogos pueden calcular la distancia al punto de origen del movimiento, lo que se llama distancia epicéntrica. Los cálculos se realizan, por lo general, en tres estaciones distintas. Cada estación mide la diferencia del tiempo de llegada de las ondas y lo multiplica por la velocidad de las ondas P (8 km/s). Cada estación realiza un círculo cuyo radio es el resultado obtenido anteriormente. El punto de intersección de los círculos de las tres estaciones es donde más probablemente se haya originado el sismo.

4.11. Harry Osborn

No se aceptan imitadores

Es el mejor amigo de Peter Parker y también el hijo de su acérrimo enemigo: el Duende Verde. Harry es tan inteligente como su padre, pero este lo menosprecia constantemente en favor de Peter. Pese a ello se hace amigo del superhéroe. Al menos hasta que descubre su identidad secreta y se da cuenta que es el asesino de su padre. Desde ese momento, hasta su muerte, lucha constantemente contra el Hombre Araña y contra el instinto que le dice que su padre era un villano. En su última aparición, poco antes de su muerte, Harry se sacrifica para salvar a la mujer que ambos aman, Mary Jane y a su propio hijo, Normie. En su lecho de muerte, Harry se arrepiente de su comportamiento y le asegura a Peter que siempre serán amigos. Un siempre que puede ser algo más que palabras. Poco antes de morir, Harry crea un ordenador con copias de la mente de su padre y de la suya propia. ¿Es esto posible?

Cerebros pirata

Pues de acuerdo con Henry Markram sí. Este científico es el fundador y director del Instituto Mente Cerebro de la Escuela Politécnica Federal de Lausana, en Suiza y actualmente está trabajado en el Blue Brain Project, un superordenador que pretende simular en todos los aspectos las funciones de un cerebro vivo. Durante los últimos 15 años, Markram, junto a su equipo, ha recolectado información del neocórtex, el área del cerebro que nos permite pensar, regula el lenguaje y la memoria. El plan es unir toda la información obtenida para crear un simulador en tres dimensiones del cerebro de un mamífero. Hasta hace muy poco no existía un ordenador lo suficientemente potente como para recoger todo el conocimiento de un cerebro y aplicarlo en un modelo. Pero el Blue Brain Project está cambiando esto.

Pasos de gigante hacia un ciber-cerebro

Aquí quizás sea conveniente detenernos un poco y hablar de la ley de Moore, antes que de Markram.

En 1965, Gordon Moore, físico y químico, pero más conocido por ser uno de los fundadores de Intel, formuló una ley que hoy lleva su nombre. De acuerdo con ella, cada 18 meses se duplica la potencia de los ordenadores y la densidad de los datos que almacenan. Esto ha dejado de ser una conjetura estadística ya que se ha comprobado, desde hace 45 años, que la duplicación de potencia se produce. Pero no siempre fue así ya que a lo largo de la evolución de nuestro planeta se han dado cuatro fases en la historia de la información. Durante los primeros miles de millones de años de vida en la Tierra, la información contenida en los genomas se acumulaba a un ritmo cercano al bit cada 100 años. Cuando llegamos los seres humanos, el ritmo aumentó 100 veces, pero el gran salto ocurrió cuando se inventó la imprenta y comenzaron a circular los libros. En ese momento el traslado de información subió como la espuma hasta los 10 billones de bits por año. Los ordenadores multiplicaron esto por un factor de un millón. Estas cifras hablan del traslado de información, pero no del procesamiento. De acuerdo con la ley de Moore, actualmente llegamos a los 1.000 millones de bits por segundo, pero si confiamos en la Ley de Moore (y no habría por qué no hacerlo ya que se sigue cumpliendo) en el 2020 llegará a los 1.000 billones de bits por segundo, la capacidad de procesamiento del cerebro humano.

La evolución de las neuronas

Ahora sí podemos continuar con Markram y el Blue Brain Project. Este superordenador, compuesto por 4 torres del tamaño de una nevera procesa información a un ritmo de 224 teraflops (un teraflop es un billón de operaciones por segundo) gracias a sus 16.000 procesadores. Cada uno de estos se utilizan para simular unas mil neuronas. Al hacer que estas neuronas virtuales se conecten entre sí, el investigador suizo hace que el ordenador actúe como un cerebro, no el humano todavía, pero sí el de un ratón de unas semanas de vida. Parece increíble que 16.000 de los procesadores más potentes disponibles, no puedan siquiera compararse con el cerebro humano. De acuerdo con Markram durante años los neurocientíficos han perseguido comprender el funcionamiento de la memoria basados en que los recuerdos dejan una marca en las neuronas, cambian algo y esa es la marca

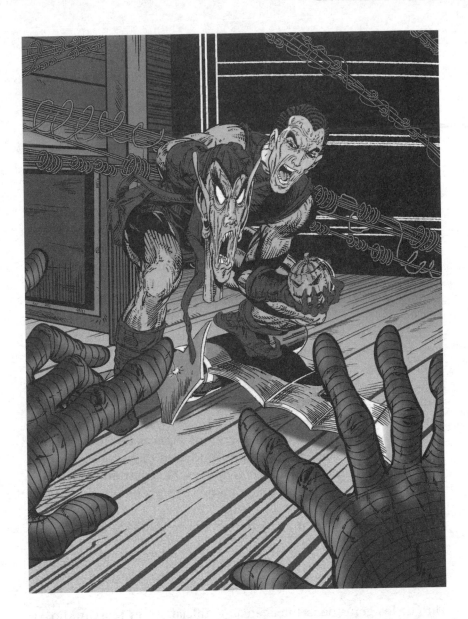

que buscaban. Para Markram, sin embargo, este es uno de los grandes errores de la neurociencia. «Toda la evidencia —aseguró en una reciente entrevista— indica que nuestras neuronas son siempre diferentes, cambian cada milésima de segundo. Tu cerebro hoy es muy distinto del que tenías a los 10 años. Pero tienes memoria de aquella época. Por lo tanto la pregunta debería ser: ¿cómo podemos recordar algo tan lejano, si nuestro cerebro es tan diferente? Resolver esto nos ayudará mucho a comprender el cerebro humano.»

Empezar por el final

Lo que el equipo de Blue Brain Project está haciendo es ingeniería inversa: aprenden cómo funciona el cerebro y tratan de aplicar esos conocimientos, de diseño, procesamiento y conectividad a una máquina. Y este tipo de ingeniería les ha aportado un conocimiento asombroso al descubrir cómo funciona la conciencia, el paso imprescindible para crear máquinas que sean conscientes de sí mismas. En el cerebro humano, cuando las oscilaciones eléctricas suben de frecuencia (entre 40 y 80 hercios), la teoría dice que la mente hace uniones de percepción, que son la base de la conciencia. El equipo de Markram, al introducir una simulación biológica en los ordenadores obtuvo una oscilación similar. «No intentamos simular este fenómeno en los ordenadores —confiesa el propio Markram—. Simplemente se presentó. Ahora, por ingeniería inversa, podemos diseccionar el circuito y ver exactamente cuáles de las "neuronas" estaban implicadas en esto.»

El proyecto de construir un modelo del cerebro humano tiene enormes aplicaciones médicas, ya que les permitirá a los científicos simular una enfermedad neurodegenerativa, ver cómo se inicia, su desarrollo y comprender todos los circuitos involucrados. Este conocimiento les posibilita no solo diseñar mejores medicamentos, sino probarlos antes en este cerebro virtual para saber cómo responden. Para Markram, en solo diez años seremos capaces de crear este modelo. Lo que no sabe aún es cuanto podemos tardar en desarrollar una máquina consciente, pero cree que es una cuestión de tiempo y que ocurrirá: «Es como una máquina que va muy rápido y de pronto levanta vuelo» concluye.

Pero no es el único que está trabajando en esta tecnología.

La sociedad de la mente

Uno de los gurús de la Inteligencia Artificial, AI, es Marvin Minsky, profesor del MIT, y cuyos trabajos han influido en la obra de Isaac Asimov; incluso fue asesor de *2001: Odisea en el espacio*. Ya en 1950, cuando aún no se había graduado, construyó una máquina que simulaba las conexiones de las redes neuronales y nueve años después fue uno de los fundadores de Laboratorio de Inteligencia Artificial del MIT. En 1985 escribió un libro que resulta clave para saber si es posible construir un ordenador que actúe como un cerebro humano: *La Sociedad de la mente*. En él, Minsky explica su teoría sobre cómo funciona la mente, el complejo fenómeno del pensamiento puede fragmentarse en procesos simples y especializados que trabajan juntos, como individuos en una sociedad. Al igual que Markram, este científico piensa que la clave está en la simulación ya que, de acuerdo con él, si una teoría es sencilla se puede construir un modelo matemático, pero si es compleja, hay que realizar una simulación. Pero esta resulta muy complicada ya que los científicos comenzaron a crear máquinas que resolvían problemas muy arduos o tareas como jugar ajedrez, pero no pudieron avanzar en tareas más simples como por ejemplo entender por qué los humanos huimos de la lluvia pero luego nos duchamos.

Para Minsky, los humanos no somos el final de la evolución, por lo tanto si pudiéramos crear una máquina que fuera tan inteligente como una persona «también podríamos hacer una que fuera más inteligente aún —señala el científico—. No tiene sentido hacer una persona. Lo que quieres es hacer algo que pueda hacer lo que para ti es imposible. ¿Para qué serviría esto? Hay problemas que aún somos incapaces de resolver. ¿Por qué no crear mejores físicos, ingenieros o matemáticos? Debemos ser arquitectos de nuestro propio futuro. Si no lo hacemos nuestra cultura puede desaparecer».

La supervivencia del más hardware

Por último, Adrian Thompson, del Centro Computacional de Neurociencia de la Universidad de Sussex. Él es uno de los fundadores de una nueva ciencia llamada *hardware evolutivo* que consiste en ordenadores que evolucionan para resolver problemas, del mismo modo que lo hacen nuestras neuronas. Para ello utiliza un procesador de silicio que puede reconectar sus circuitos en billonésimas de segundo y configurarse de otro modo. Thompson trabaja con un procesador Xilinx XC6216 que puede ser reconfigurado por el usuario, permitiendo establecer las conexiones que considere más apropiadas para la tarea elegida.

Pero el verdadero concepto de *evolución* es usar algoritmos genéticos. Estos codifican una posible solución para un determinado problema a partir de una sucesión de ceros y unos (los bits). Básicamente alternan respuestas positivas y negativas hasta llegar a la solución final. Esta sucesión de bits se transforma en una especie de cromosoma artificial de la solución a la que ha llegado el procesador. Las sucesiones que logren las respuestas más acertadas son unidas en una forma similar a la que se unen los cromosomas en la reproducción sexual, con partes que se combinan para producir una nueva sucesión.

Cada tanto se suman algunas mutaciones aleatorias (tal y como sucede en la naturaleza) y luego son nuevamente evaluadas. Las mejores, nuevamente son elegidas, combinadas y así sucesivamente hasta encontrar los mejores «cromosomas». Este tipo de algoritmos se ha utilizado para resolver problemas matemáticos que parecían imposibles o para diseñar mejores turbinas.

Yo, ordenador

Y a Thompson le ha servido para dar el primer paso en lo que a reconocimiento de voz se refiere. De las más de 4.000 «células» que componen el procesador, este científico solo permitió que 100 se encargaran de diferenciar entre dos tonos. A las dos semanas de trabajar con algoritmos genéticos lo consiguió. Lo más extraño es que él mismo reconoce que no sabe cómo el procesador logró el objetivo. De hecho, cuando analizó cuantas células, de las 100, habían sido necesarias para desarrollar la tarea, vio que 32 fueron suficientes. Las otras 68 se mantuvieron ajenas al trabajo. «Un procesador diseñado por el hombre —confiesa Thompson— hubiera necesitado entre 10 y 100 elementos lógicos (las células) para llegar al mismo sitio. No es difícil imaginar cómo conseguiremos crear una máquina que sea consciente de su existencia.» Seguro que a Harry Osborn le hubiera gustado oír esto.

Parte 5

ANTIHÉROES

La lucha interna

Ángeles caídos, héroes torturados y víctimas de las circunstancias. Son probablemente los más humanos del universo del cómic... Si dejamos de lado sus poderes. Reflejan varios aspectos de la sociedad que los vio nacer. Hombres que son capaces de cualquier cosa para conseguir el alimento para sus hijos (Sandman), que llegan a cualquier extremo para probar la ciencia y se enfrentan a las instituciones políticas que los persiguen (Hulk) o vengadores anónimos que no aceptan un sistema de justicia que doblega a los débiles y beneficia a los poderosos (Rorschach). Personajes imprescindibles, la lucha interna y la contradicción de su conducta es lo que los hace humanos.

5.1. Hulk

Me pones verde

El alter-ego del físico Bruce Banner. La mole verde llega al mundo debido a una explosión de una bomba de rayos gama que irradia el cuerpo del científico. A partir de ese momento, las emociones negativas (ira, enfado, rabia, terror y aún celos) despiertan la bestia (Hulk) que lleva dentro. De hecho, en una de las historietas se asegura que «cuanto más enfadado está Hulk, más fuerte es». Una afirmación que pronto veremos si es posible. Así, este antihéroe no puede controlarse cuando se transforma, y es capaz de enfrentarse tanto a los malvados del comic, como a los héroes: son notorias sus batallas con La Cosa, el más fuerte de los 4 Fantásticos. Entre sus poderes, más allá de la fuerza bruta obvia, se cuentan una gran capacidad de regeneración. Su piel le permite respirar bajo el agua, puede sobrevivir desprotegido en el espacio y a las explosiones nucleares. Pero todo ello no puede explicar por qué es verde: los rayos gamma son una forma de radiación 10.000 veces más poderosa que la luz visible: desafortunadamente para los tebeos en colores, los rayos gamma se encuentran fuera del espectro de luz visible, por lo que si tienen un color es imposible de describir para el ojo humano.

Una inteligencia privilegiada

Por su parte, Bruce Banner es, según cuentan en el universo Marvel «una mente tan brillante que ningún test la pueda medir»: experto en biología, química, ingeniería y fisiología es, también doctor en física nuclear.

Al explicar el espectro electromagnético, en el capítulo de Superman, vimos que cuanto más pequeñas son las ondas, más energía tienen. Los rayos gamma, que causaron la mutación de Hulk son una de las fuentes de energía más potentes conocidas. De hecho, cuando explota una supernova, el resultado de la explosión son rayos gamma (y esto es lo que les permite a los astrónomos detectar el evento) y es

uno de los acontecimientos con mayor energía en el Universo. Si bien con Mr. Siniestro hemos visto que ciertos químicos o radiaciones pueden causar mutaciones en nuestro ADN, la potencia de los rayos gamma habría sido demasiado para Bruce Banner y en lugar de mutarlo, lo habría matado. A él y a miles de personas. Peter Brown, profesor de Astrofísica de la Universidad de Texas, señala que una explosión de rayos gamma es millones de veces más potente que la explosión del Sol y si ocurre muy cerca de nuestro planeta lo destruiría. Ni hablar obviamente de qué pasaría si ocurre directamente en la

Tierra. Para que nos demos una idea, Peter Brown, astrónomo de la Universidad de Oklahoma, ha sido uno de los pocos privilegiados que ha logrado ver «en directo» (bueno, a través de su telescopio), una explosión de rayos gamma. El evento recibió el nombre de GRB030329 y probablemente, según cuenta Brown, se debió a la explosión de una supernova que tenía entre 50 y 100 veces el tamaño de nuestro Sol y cuando termine por completo de consumirse probablemente forme un agujero negro. Y es esto lo que están esperando los astrofísicos: ver cómo nace uno.

La ira te transforma

Sin dudarlo. Aún así hay algo de verdad en su transformación: Banner se convertía en esta mole cuando se veía atrapado en una espiral de ira de la que no podía salir. Y recientemente científicos españoles, encabezados por Neus Herrero, investigadora de la Universidad de Valencia, han descubierto que enfadarnos tiene consecuencias en nuestro organismo que si bien no nos convierten en Hulk, nos hacen ser lo más humanamente parecido a la bestia verde.

Ante la ira, aumenta la frecuencia cardiaca, la tensión arterial y la producción de testosterona, disminuye el cortisol (la hormona del estrés), y la actividad cerebral se activa más. Así lo indica una nueva investigación liderada por científicos de la Universidad de Valencia (UV) que analiza los cambios en la respuesta cardiovascular, hormonal y de activación asimétrica del cerebro cuando nos enfadamos.

Para probar cómo reaccionamos ante una emoción negativa, Herrero realizó un test a 30 hombres. Los voluntarios fueron sometidos a lo que se conoce como prueba de Inducción de Enfado: se les presentaban 50 frases en primera persona que reflejaban situaciones cotidianas que provocan esta emoción. Antes del examen, e inmediatamente después, se midió la frecuencia cardíaca, la tensión arterial, los niveles de testosterona, los de cortisol (la hormona del estrés) y la actividad cerebral.

Tu monstruo interior

El primer resultado visible fue comprobar de qué modo la ira provocaba cambios en nuestro sistema nervioso autónomo, responsable de controlar el sistema cardiovascular y el endocrino (el encargado de liberar hormonas).

Más tarde vieron de qué modo se habían elevado la frecuencia cardíaca, la tensión arterial y los niveles de testosterona (una hormona que producen los hombres y que, utilizada en deportistas es considerada como esteroide pues aumenta la fuerza muscular). Pero lo más llamativo estaba por llegar.

Pese a que en general las emociones positivas, por ejemplo la alegría, se asocia al acercamiento a otros individuos (necesitamos compartir la dicha para valorarla más) y, por el contrario, los sentimientos negativos, como la tristeza, están más ligados al alejamiento de los otros, parece que no todo lo que sentimos responde a este modelo. Al menos la ira no lo hace. De acuerdo con Herrero: «el caso de la ira es especial porque se experimenta como negativa pero, a menudo, evoca una motivación de acercamiento. Normalmente, cuando nos enfadamos mostramos una tendencia natural a acercarnos a aquello que nos provoca ira para tratar de eliminarlo». ¿Será por ello que cuando Hulk se enfada, en lugar de llevar a cabo el comportamiento de huida, propio de un animal acorralado, decida pelear? ¿Para eliminar el objeto de su ira? El estudio realizado en la Universidad de Valencia es el primero que analiza todos los parámetros psicobiológicos de una emoción y podrían confirmar lo que aseguraba Charles Darwin: a cada emoción le corresponde un patrón psicobiológico propio y diferente de las demás.

Te quiero verde

Pero y ¿qué hay del color verde? La tonalidad de piel no tiene que ver con la radiación, como hemos visto anteriormente, lo que sí nos puede ocurrir en un momento de ira es que si nuestra presión sanguínea se reduce y llega menos sangre a la piel, esta «cambia» a un color más pálido (como cuando nos mareamos) y puede que nos vean de un color amarillo, o aún un poco verdoso, pero nada que ver con el verde propio de esta criatura.

5.2. ESPECTRO

El vengador del Más Allá

La entidad bajo este enigmático nombre fue creada en 1940 por el «padre» de Superman, Jerry Spiegel. La vida de este personaje comienza con la muerte del policía Jim Corrigan. Su alma se niega a entrar en el inframundo cuando escucha una voz (a la cual se nombra precisamente como La Voz) que le señala que su misión en el futuro es la de acabar con el mal en el mundo. Su primera tarea es vengar su propia muerte y acabar con los asesinos de Corrigan. Eventualmente, y cuando siente que su misión ha sido completada, el espíritu del policía ingresa en el más allá. Pese a ello la historia continúa: el alma de Linterna Verde (también conocido como Geoff Johns) pasa a cumplir el rol de El Espectro, aunque no haya escuchado ninguna orden de La Voz para hacerlo.

Etrigan, el Demonio: con un buen fondo

Probablemente el único demonio bueno (mal que le pese) de todas las mitologías. Cuenta la historia que Etrigan, hijo del demonio Belial, es desafiado a una lucha por el mago Merlín. Quien gane se quedará con los poderes del otro. El mago de Lancelot, a punto de perder, lanza un hechizo que liga a Etrigan con el cuerpo de un mortal: Jason Blood que le «obliga» a hacer el bien. Al menos tanto como se pueda con un demonio con una fuerza tal que se enfrenta a Superman en igualdad de condiciones y, por si fuera poco, obtiene un placer sadomasoquista del dolor, al que ve como una forma de placer, algo seguramente estimulado por el hecho de tener una capacidad regenerativa por encima de otros superhéroes. Ah! También puede manipular la materia a nivel molecular. Un pequeño diablillo.

Parásitos del Universo Marvel

Etrigan y El Espectro son dos personajes que comparten una misma habilidad: parasitar a otro para lograr sus propios fines, convertir a otros en zombis para alcanzar sus objetivos. Y esto no es exclusivo de ellos. En la naturaleza también hay ejemplos de zombis.

Supongamos que fueras un hongo. Pero un hongo bastante elitista. Necesitas crecer a una altura señalada, con unas condiciones de temperatura muy específicas, bajo regímenes de humedad determinadas y en una localización precisa. Pero, como eres un hongo, no puedes moverte libremente para buscar este sitio. ¿Qué haces? Pues infectas a una hormiga para que lo haga por ti.

Un reciente trabajo señala que las esporas del hongo *Ophiocordyceps unilateralis* infectan el cerebro de las hormigas *Camponotus leonardi* y la «obligan» a descender de las alturas en las que habitualmente viven para anclarse con los dientes a una hoja y morir en la dentellada. A partir de ese momento el cuerpo del desafortunado insecto pasa a ser el hogar del hongo que encontró su sitio ideal.

Los zombis existen

Los investigadores (científicos de las universidades de Harvard, Copenhagen, Exeter y Arizona) descubrieron esto cuando analizaron el comportamiento de las hormigas y vieron que todas las infectadas habían mordido la parte inferior de una hoja, que el 98% habían mordido una de las «venas» de la hoja que se encontraba a 25 centímetros sobre el suelo, en un rango de humedad que estaba entre el 94 y el 95% y en un margen de temperatura que iba desde los 20 a los 30 ºC. En pocas palabras, el hongo había conseguido que lo llevaran allí donde tendría más probabilidades de crecer.

Por si fuera poco, los científicos quisieron ver cuán preciso era el sistema de selección de ambiente de los hongos y movieron algunas de las hormigas infectadas, una vez muertas, hacia sitios alternativos (más altos o más bajos, con condiciones de humedad y temperatura diferentes de las antes mencionadas) mientras que a otro grupo lo dejaron en el sitio «elegido» por los hongos. Este último grupo desarrolló los hongos normalmente y en el plazo previsto, mientras que los del primer grupo nunca lo hicieron: ningún hongo creció en ellos.

Finalmente también insertaron las esporas en otras hormigas, del género Polyrhachis, pero estas resultaron no ser tan dóciles como las originales, lo que les ha llevado a concluir que el hongo evolucionó para manipular a un huésped específico.

Así es tu cerebro infectado

Vale, diréis vosotros, pero eso les pasa a las hormigas, pero no puede ocurrir en el cerebro humano, nuestra mente es demasiado compleja para ello. Pues Steven C. Schlozman, doctor de la Escuela de Medicina de Harvard no está muy de acuerdo y de hecho realizó un estudio de cómo sería nuestro cerebro si fuéramos zombis. Y el siguiente es el resultado.

Lóbulo Frontal

Esta es la región del cerebro que nos permite pensar cuidadosamente y resolver problemas abstractos. Claramente aquí no hay mucha actividad si has sucumbido a los no muertos. Pero poca no significa ninguna. Sabemos que los zombis nos ven y nos escuchan, por lo tanto, Schlozman deduce que la actividad de esta área es la justa como para prestarle atención al tálamo, donde se procesan los estímulos sensoriales. Esta zona del cerebro es también la que controla nuestra impulsividad, es la responsable de que calles antes de hablar y que te muerdas la lengua antes de responderle a tu madre. Por lo tanto aquí no hay mucho para ver y deberíamos pasar al siguiente segmento.

La amígdala y el córtex anterior cingulado

Debido a que no hay pensamientos abstractos, todo el comportamiento de un no vivo se basa en las emociones, como la ira o la rabia que se alojan en las partes más primitivas de nuestro cerebro, en particular la amígdala. Y esto lo sabemos por un experimento. Se ha demostrado, con diversos animales a los cuales se les ha lesionado la amígdala, que cuanto mayor era la lesión, más leves eran sus respuestas violentas. Schlozman asegura que «no nos podemos enfadar con los zombis ya que es el delicado balance entre la amígdala y el lóbulo frontal, lo que nos hace humanos». Y este equilibrio lo sostiene el córtex anterior cingulado, que modula y aligera la irascibilidad de la amígdala para darle tiempo al lóbulo frontal de reaccionar y poner la pausa necesaria. La conclusión es que un zombi debería tener un córtex anterior cingulado muy dañado para que no pueda conducir este diálogo, lo que deriva en una personalidad extremadamente agresiva.

El cerebelo y los ganglios basales

La degeneración del cerebelo es descrita por el Instituto Nacional de Salud de Estados Unidos del siguiente modo: camina con las piernas abiertas, de modo inestable, habitualmente acompañado de un temblor, de atrás hacia adelante en el tronco. Los zombis claramente tienen una disfunción en estas regiones del cerebro ya que son las encargadas de controlar la fluidez de movimientos y el equilibrio.

Neuronas espejo

Son las que nos permiten experimentar empatía, darnos cuenta de lo que el otro siente. Evidentemente los zombis son incapaces de interpretar nuestras emociones: miedo, angustia, rabia… Esto les permite seguir adelante sin importar cuánto daño hacen.

Materia gris y blanca

La primera es la encargada de procesar la información que llega a nuestros órganos sensoriales, mientras que la materia blanca es, básicamente, la encargada de todo el «cableado» del sistema nervioso. Los especialistas especulan que disfunciones en ambas serían una de las causas de la psicopatía, un trastorno mental caracterizado por la incapacidad para sentir empatía por otro y por la ausencia del sentido de la culpa al cometer actos violentos.

Hipotálamo ventromedial

Los zombis son siempre caracterizados con un hambre voraz e insaciable. La explicación más razonable es que esta región de su cerebro sea disfuncional debido a que es la encargada de avisarnos cuando nos sentimos saciados.

5.3. MISTER X

La vida es sueño

Es uno de los pocos personajes del libro que no pertenecen a las dos grandes editoriales del comic: Marvel y DC. Fue creado en 1983 por el diseñador de portadas Dean Motter para la editorial Vortex. ¿Por qué está incluido entonces? Todo tiene su razón y no os haré perder el sueño. Literalmente. La acción transcurre en Radiant City, una ciudad construida bajo la influencia de la arquitectura Bauhaus y del film de Fritz Lang, Metropolis. Todo gira alrededor de una figura, Mister X, quien ha construido la ciudad bajo la premisa de la «psicotectura» (mezcla de psicología y arquitectura) que ha vuelto a todos los ciudadanos locos, igual que él. Para enmendar el daño que ha hecho decide reparar su creación y por ello se niega a dormir: permanece trabajando y recorriendo la ciudad las 24 horas gracias a una droga: Insomalina.

Y el sueño es movimiento

El relato habla de la importancia del acto de soñar cuando dormimos recurriendo a una pregunta que los científicos aún se hacen: si dormimos para descansar, pero nuestro cerebro registra el mismo gasto energético durante la vigilia y a lo largo del sueño, ¿para qué dormimos? Y puede que la respuesta sea para soñar.

Jens Schouenborg es un neurocientífico de la universidad sueca de Lund que, hizo un descubrimiento sorprendente. Por novedoso, pero también por accidental. Cuando nació su hija menor, me cuenta este profesor sueco, «llevarla a la cama se convirtió en una tarea titánica. Al menos hasta que cumplió un año. Por eso, solía acostarme a su lado hasta que se durmiera. Sabía cuándo estaba totalmente dormida porque sus músculos empezaban a palpitar. Después de muchas noches, me di cuenta de que ese temblor de los músculos seguía un patrón. Así fue como se me ocurrió la idea de que este movimiento involuntario tuviera un propósito. Y comencé el experimento.» El experimento al que se refiere es una investigación que duró cerca de una década. Durante este tiempo, Schouenborg y su equipo de estudiaron dos grupos de ratas de menos de dos semanas de vida mientras dormían. Cuando estos roedores se encuentran en su hábitat natural, y mientras están durmiendo, mueven lateralmente la cola; se trata de un movimiento involuntario que les permite tocar a otro miembro de la camada. El contacto les aporta seguridad. Con el propósito de ver qué ocurría si los estímulos se alteraban, Schouenberg dividió las ratas en dos grupos: a uno de ellos les soplaba aire dirigido al lado izquierdo de la cola cuando la movían hacia la derecha y viceversa (para simular que, pese al movimiento hacia un lado, el contacto se encontraba en el opuesto), mientras que el otro grupo recibía el aire de forma coherente. Solo dos horas después, las ratas del primer grupo comenzaron a mostrar un extraño reflejo: si les acercaban un láser al lado izquierdo de la cola, la movían hacia la fuente de calor, y no la apartaban, como sería lógico. De acuerdo con el neurocientífico: «En un sistema nervioso recién formado, este podría ser el mecanismo que construye los canales nerviosos desde la médula espinal hacia los músculos, de modo que en el futuro el cerebro reconozca el camino exacto para controlar determinados movimientos en vigilia». En cierto sentido se podría decir que soñar nos enseña a movernos.

No me despiertes que voy a aprender algo

Pero, ¿qué hay de los adultos? ¿Para qué soñamos cuando somos mayores? Numerosos estudios confirman que sueño y memoria están íntimamente unidos y que toda actividad cognitiva que ocurre mientras dormimos, tiene que ver con el aprendizaje.[1]

Recientemente una investigación realizada por los psicólogos Michael Franklin, de la Universidad de Michigan, y Michael Zyphur de la Universidad de Tulane demostró cómo estimula nuestro aprendizaje el sueño. Los científicos convocaron a un grupo de estudiantes, jugadores de baloncesto todos, para hacer un ejercicio: debían simular encestar un triple todo el tiempo que pudieran. La simulación pronto se incorporó en sus sueños y entonces les pidieron que dejarán de fingir esta conducta durante el día. Lo extraño es que la conducta se siguió repitiendo por las noches durante un tiempo. Unas

---

1. David Eagleman, neurocientífico del Colegio Baylor de Medicina es uno los grandes expertos en el estudio de la memoria y su relación con el sueño.

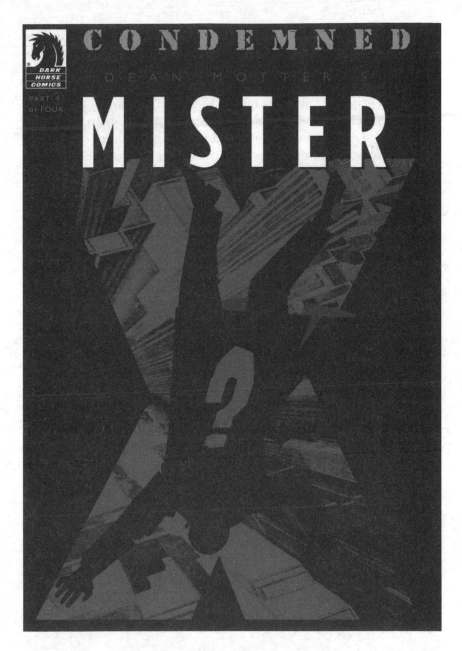

semanas después, Zyphur y Franklin analizaron si las «canastas fantasmas» habían influido de algún modo en sus habilidades deportivas. Y no solo resulto que sí, sino que estas se habían incrementado hasta casi un20%. Con estos datos en la mano, los psicólogos publicaron un estudio, llamado *El papel de los sueños en la evolución de la mente humana* y en el cual aseguran que: «El tiempo que pasamos en nuestros sueños configura seguramente cómo se desarrolla nuestro cerebro. Las experiencias que adquirimos al soñar a lo largo de toda nuestra existencia influyen en el modo en que nos relacionamos con el entorno, y están destinadas a afectarnos no solo como individuos, sino como especie. A medida que se sucedan los avances científicos en neurociencia, estaremos capacitados para probar algunas de estas hipótesis». Al entrevistar a estos científicos y preguntarles si era posibles que la razón de que necesitemos dormir es para poder soñar, todos coincidieron con que era posible. Por lo tanto, cuando alguien te pregunte si estás soñando, tú le pues decir que no: «Estoy evolucionando».

5.4. SANDMAN

El mundo en un grano de arena

Alias William Baker. Este villano apareció por primera vez como ene-migo de Spiderman en 1963. Sin por ello excusar sus maldades, hay que reconocer que tuvo una infancia bastante complicada. A los 3 años su padre le abandonó a él y a su madre. Esta, durante su jornada laboral, lo dejaba en la playa donde el pequeño William se perdía diseñando castillos de arena durante horas. En la adolescencia durante un tiempo fue acosado por una pandilla de tres colegiales de los que se defendía utilizando una técnica que él mismo denominó «escurrirse como la arena entre sus dedos». Todo comenzaba a confa-bular para que William se convirtiera en Sandman (el Hombre de Arena), solo faltaban unas piezas. Con el tiempo al ver que no podían derrotar a William, los cuatro se hacen amigos. Pero muy pronto, uno de ellos, llamado Vic, le pide un gran favor: que amañe un partido de futbol (William era una de las estrellas deportivas del colegio) para saldar una deuda que tenía con la mafia. La estratagema es descu-bierta y William es expulsado del colegio y comienza su relación con la delincuencia que culmina llevándolo a prisión. La ironía es que allí comparte celda con su padre, aunque nunca le revela quien es y se presenta como Flint (por una profesora de la que se había enamo-rado) y Marko (por el entrenador que le echó del equipo). Así nace Flint Marko, el otro alias de Sandman. Una vez que el padre de William cumple condena, este escapa de la cárcel, pero en su huida termina en una zona de pruebas nucleares y cae en una zona donde la arena había sido irradiada con un reactor experimental.

Eres más molesto que un grano

La historia cuenta que el cuerpo de William y la arena se mezclan y nace entonces Sandman, con sus poderes. Estos le permiten moldear la densidad de su cuerpo a voluntad: puede tener la dureza de la arena mojada y compactada, la sutileza de la arena seca y aún dispersarse en el aire y viajar grandes distancias llevado por el viento o convertirse en una tormenta de arena y sofocar a sus enemigos. Por si fuera poco también puede cambiar de tamaño. Un adversario temible. Y afortunado. Si hubiera sido harina, serrín, grava y no arena en lo que cae William en su huida, la historia de este villano sería muy distinta. ¿Por qué? Por una cualidad propia de la arena. Y única.

Por mucho que les puede pesar a los fanáticos de Spiderman, la respuesta es no: los científicos no están investigando cómo fundir arena con el ADN de una persona. Pero sí están aprendiendo mucho de ella. Hace tiempo, por ejemplo, que ya se sabe por qué cuando se le agrega agua se endurece (algo que beneficia a Sandman, al menos si no se exceden con el líquido). Básicamente lo que sucede es que las moléculas de agua construyen puentes que unen los granos de arena. La tensión superficial de estos puentes actúa como una banda elástica y la forma más fácil de romperla es agregando más agua. Los constructores de castillos de arena lo saben muy bien; la arena mojada tiene un punto de humedad que es excelente para construir fortalezas y esculturas, pero si está sobresaturada de agua, solo sirve para crear figuras del estilo de Gaudí: el agua rompe la tensión superficial (la banda elástica) y los granos de arena pueden moverse con mayor libertad. Este conocimiento, que lo aprendemos de pequeños en la playa es lo que ahora están estudiando los científicos para realizar edificios antisísmicos.

Muévete con onda

Durante un terremoto (ver Conmocionador), las ondas de choque comprimen el suelo mucho más rápido que el tiempo que le toma al agua escurrirse, lo que hace que la presión del líquido se eleve porque está atrapada. Cuanto mayor es la presión, mayor es la carga que soporta y menor es el peso que soporta la arena. Irónicamente esta diferencia reduce la presión entre los granos de arena, aunque a veces se encuentren bajo toneladas de peso. El profesor de Ingeniería de la Universidad de Colorado, Stein Sture, asegura que «hasta ese punto lo entendemos, pero ¿cómo exactamente interactúan los granos de arena a esas presiones? Estudiar esto en laboratorios es muy complicado ya que el propio peso de la arena agrega estrés en los granos. Si pudiéramos reducir este estrés...» El caso es que lo han hecho. Sture envió arena al espacio en un experimento denominado Mecánica de Materiales Granulares (MGM por sus siglas en inglés) que consistía en poner agua saturada de arena en una manga de látex que sea repetidamente

comprimida por dos platos que se hallaban en los extremos de la manga. Tres cámaras registraron las deformaciones que sufría la manga en los repetidos ciclos. Una vez que regresó a la Tierra, los científicos utilizaron un escáner de tomografía computarizada para analizar la estructura interna de la columna de arena. Más tarde le inyectaron epoxi para preservar esta estructura y poder estudiarla tranquilamente. Lo que descubrieron los dejó bastante sorprendidos: «Encontramos que las propiedades de fuerza eran el doble de lo que suponíamos. Esto quiere decir que a presiones bajas, la arena puede soportar el doble de peso del que pensábamos. Pero, y aquí viene lo que nos ha dejado perplejos, si reducimos la presión hasta que se acerque casi a cero, la fuerza se evapora por completo». La arena necesita presión para ser fuerte (igual que sucede con Sandman) y este conocimiento permitirá que los ingenieros sepan si un terreno es adecuado para construir casas sobre él o si no soportará adecuadamente las diferencias de presión.

Contra los terremotos... desodorante

Pero hay otra solución posible: un *spray* que transforme la arena en roca. Y el Dr. Ralf Cord-Ruwisch, de la Universidad de Murdoch, está trabajando en ello. El tratamiento lo que hace es solidificarla levemente o darle una consistencia similar a la del mármol. El compuesto con el que trabaja Cord-Ruwisch, es una mezcla de calcio, bacterias y otros componentes que fuerzan a la bacteria a formar precipitados (el sólido que se produce en una disolución líquida debido a reacciones químicas) con el calcio y se crea carbonato cálcico, muy parecido a la arenisca. Las aplicaciones de esta tecnología son innumerables; se podrían construir rutas en el desierto, solidificar el lecho marino para permitir exploraciones mineras, solidificar los diques de países al borde del mar como Holanda.

El equipo de investigación que trabaja con Cord-Ruwisch, ya ha hecho ensayos fuera del laboratorio y, hasta ahora el bloque de mayor tamaño que han logrado endurecer es comparable a un contenedor. «Y hemos descubierto que cuantas más veces tratamos la arena con este método, más se endurece —asegura el científico— hasta que terminó siendo más parecido al mármol que a la arenisca. Con esta tecnología uno podría construir un castillo de arena, endurecerlo y luego llevárselo a su casa como una escultura sólida.» Y también podría servir para derrotar a Sandman. Aunque la forma más fácil es la que se descubrió hace miles de años en Mesopotamia: calentar la arena a más de 1.500° C y transformarla en vidrio (que se hace con arena de sílice, carbonato de sodio y caliza) y una vez que esté endurecido romperlo en pedacitos... O hacer vasitos de chupito de recuerdo con sus restos.

5.5. RORSCHACH

Está que ni pintado

Otro antihéroe con una infancia complicada: Walter Joseph Kovacs es hijo de Silvia (una prostituta) y de un tal Charlie de quien se sabe solo su nombre. Su madre poco y nada se ocupó de él y en las contadas ocasiones que lo hacía, el resultado era la violencia. No es de extrañar que a los 10 años Walter fuera expulsado del colegio por arrancarle parte de la cara a un niño que le acosaba en clases. Después de girar por diferentes orfanatos, obtiene un trabajo en una tienda de ropa. Allí se trabaja con una tela inteligente diseñada por el Dr. Manhattan: un material que contenía líquidos sensibles al calor que constantemente creaban dibujos en blanco y negro. Este tejido es el que más tarde Kovacs usaría como máscara, adoptando el nombre del psicólogo suizo Hermann Rorschach creador de un test que analiza la interpretación que el paciente hace de unos «dibujos» hechos con tinta negra.

La tela formaba parte de un pedido realizado por una mujer italiana, Kitty Genovese, quien lo rechaza. Cuando dos años más tarde Kovacs se entera que Kitty ha sido violada y asesinada, decide ponerse la máscara y erigirse en vengador de los indefensos. Claro que un vengador sin escrúpulos, violento y claramente contrario a cualquier sistema. Su inestabilidad psicológica, tal como señalaban sus propios compañeros de Watchmen, hace de él un personaje imprevisible y agresivo. Al igual que él su máscara tiene tela. Literal y metafóricamente.

Un personaje con mucha tela

Si bien es verdad que este personaje trabajaba junto a un equipo de héroes, la realidad es que su personalidad lo podrían haber transformado en un villano con todas las letras: violento, vengativo y voluble (sí, con todas las letras V). Por ello es que se encuentra en este capítulo. Rorschach indudablemente conoció a Batman y de algún modo supo qué tipos de tejidos utilizaba el hombre murciélago para confeccionar sus trajes. Los tejidos inteligentes le habrían servido para idear una máscara que cambia aleatoria y constantemente para exhibir los dibujos de Rorschach ante sus víctimas, cuestionando de un modo directo, la salud mental de estos por el mal que habían infringido y por el que serían condenados. La máscara de Rorschach es algo que es posible realizar hoy en día (aunque un poco cara a decir verdad). Pero vayamos paso a paso.

Hilando fino

En el capítulo de Batman hemos visto cómo es posible dotar a ciertos tejidos de pequeños procesadores que informen de los datos biométricos del usuario. También conocimos los tejidos con memoria de forma, aquellos que gracias a una corriente eléctrica o un estímulo químico, recuperan una configuración previa. Ahora supongamos que fuera posible combinar un tejido como los que hemos descrito antes junto a uno que cambiara de color a medida que percibiera los mínimos cambios de temperatura de quien los usa. El procesador los dotaría de la sensibilidad para percibir cambios nimios y actuar en consecuencia, la memoria de forma podría alterar sutilmente la configuración para que la incidencia de luz y sombras le diera otro aspecto y el nuevo tejido iría variando en su dibujo, constantemente, debido a la interacción de la tela con la temperatura y hasta la composición del sudor del usuario.

Pues tejidos así ya existen. Son conocidos como crómicos o camaleónicos ya que cambian de color en respuesta a las condiciones externas. Pueden hacerlo cuando sobre ellos incide una fuente de luz (y en este caso son conocidos como fotocrómicos) o cuando «detectan» un cambio en la temperatura. En el primer caso, los tejidos fotocrómicos reaccionan ante la radiación ultravioleta.

Ropa hecha de cristal

El segundo ejemplo es el más interesante para nuestro propósito ya que actúa directamente con la temperatura: la termicromía. Hay dos modos de alterar el color de una prenda mediante la temperatura y ambos lo hacen gracias a reacciones químicas. Primero se pueden realizar prendas que tengan en su interior microcápsulas de cristal líquido. Este alinea sus moléculas de un modo muy específico que

permite que refleje solo cierto tipo de onda de luz. Cuando el cristal líquido se calienta, la orientación de su estructura cambia y comienza a reflejar otro tipo de onda lumínica, otro color. Lo que a nuestros ojos parece un cambio de color. Cuando el cristal regresa a su temperatura inicial y también a su antiguo color.

La segunda reacción química relacionada con la termocrómica se basa en millones de pequeñas cápsulas que parecen una célula. Cada una de ellas tiene una membrana exterior con un solvente hidrófugo, que impide que lo diluya el agua. El solvente tiene partículas de un «disparador de colores» y de un precursor de tintura. Cuando el cristal regresa a su temperatura inicial, también lo hace su antiguo color. Cuando la temperatura vuelve a descender, el solvente vuelve a solidificarse y el color original vuelve a estar presente.

Puede parecer complicado pero si pensamos en las reacciones químicas que permiten que ciertos indicadores cambien de color según entren en contacto con una sustancia ácida (como el limón) una base (como el jabón) se puede llegar a comprender mejor. Para probar esto en casa se puede hacer un experimento muy sencillo: hierve una lombarda cortada en pequeños trozos. Si quieres la puedes comer, pero por favor no tires el agua que resulta de la cocción. La cuelas y la dejas enfriar durante media hora. Moja un papel filtro con el agua resultante que será el indicador y espera que se seque (te darás cuenta que sucede esto porque ha recuperado su color original). Luego vierte una gota de zumo de limón en el papel. El papel cambiará de color según esté ante una sustancia básica (Ph mayor de 7) o ácida (Ph menor que 6).

5.6. SUBMARINER

Un baño de ego

Autoritario, arrogante, solemne y con un discurso sacado de un personaje de Shakespeare, Namor es un antihéroe que no se casa con nadie. Su historia comienza nueve meses antes que su vida debido a un encuentro fortuito entre Fen, la hija del emperador de Atlantis y Leonard McKenzie, capitán del rompehielos Oracle. Cuando la bella Fen no regresa de su viaje para investigar la presencia de un buque en aguas antárticas, su padre, Thakorr, envía una partida de soldados atlantes para atacar el buque sin saber que McKenzie y Fen se habían casado en secreto (sí, aparentemente las atlantes son muy rápidas). Los soldados dan por muerto al capitán y se llevan a la «viuda» de regreso a su húmeda morada, sin saber que en nueve meses les esperaba una sorpresa: un rosado bebe, Namor, cuyo color escandaliza a los azulosos atlantes. Pese al escándalo de la noble madre soltera, Namor crece para convertirse en príncipe de su gente y alternar su vida entre la superficie (donde se alía tanto con Von Muerte como con los 4 Fantásticos, según le convenga) y el fondo marino.

¿Humanos submarinos?

¿Podríamos los humanos vivir bajo el agua? Sorprendentemente la respuesta es sí. Pese a que habitualmente se considera que las altas presiones del fondo del mar nos aplastarían, la realidad indica otra cosa. Primeros veamos que sucede a la mayor profundidad que haya llegado un ser humano, sin ningún tipo de sistema de respiración artificial, simplemente, sumergiéndose y aguantando la respiración. El récord lo ostenta el ruso Alexei Molchanov, quien llegó hasta los 250 metros. Allí la presión sobre el cuerpo humano es de unas 26 atmósferas: imaginaos un camión pequeño cargado con 200 bolsas de 5 kilos de patatas cada una. Ese es el peso que soporta sobre su cuerpo Alexei. ¿Cómo es que no queda aplastado por semejante presión? Por una simple razón: nuestro cuerpo está hecho principalmente de agua (hasta casi un 70%), y se mantiene a la misma presión del agua que la rodea. El problema, por lo tanto, no es entrar, sino salir de allí. El aire que respiramos habitualmente no es oxígeno puro, de hecho tiene un contenido de 80% de nitrógeno. Cuando el cuerpo es sometido a presiones tan altas bajo el mar el nitrógeno se transforma en burbujas y si la presión cambia con excesiva rapidez, las burbujas se alteran y

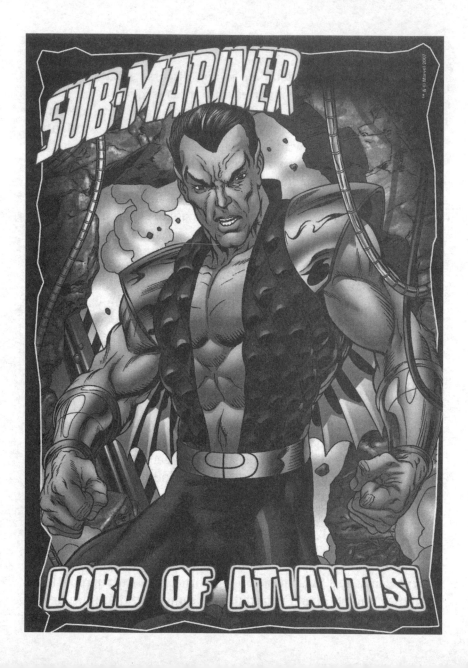

empiezan a moverse rápidamente, produciendo atascos en los vasos sanguíneos e impidiendo que el oxígeno llegue a las células. Esto es lo que nos impide vivir en el mar. Bueno, esto y la imposibilidad de respirar bajo el agua. Aunque quizás, en el futuro, descubramos que el secreto está en la lengua, al menos en una como la de la tortuga almizclada (*Sternotherus odoratus*): cuya lengua está recubierta de unas pequeñas protuberancias que se encargan de intercambiar oxígeno en el agua… es decir, en el mar esta tortuga ¡respira con su lengua!

Como pez bajo el agua

Por ahora lo máximo que el hombre puede aguantar sin respirar son casi 20 minutos. Y digo el hombre (y no el ser humano) porque quien tiene este récord es el suizo Peter Colat. ¿Cómo lo hizo? Con algunos trucos y mucho entrenamiento. Primero, a medida que nuestro cuerpo metaboliza oxígeno, produce un deshecho, dióxido de carbono, CO_2. Para impedir que el nivel de CO_2 suba a niveles peligrosos, los expertos realizan respiraciones rápidas eliminando gran parte de él. Otro truco es respirar oxígeno puro, esto también demora la aparición de CO_2. El siguiente paso es sumergirse en un tanque de agua muy fría. Esto dispara el reflejo de buceo propio de los mamíferos (hasta algunas aves lo poseen): cuando se enfrenta a agua, especialmente si está fría, el cuerpo reajusta su circulación sanguínea para que solo el corazón y el cerebro reciban sangre… es decir oxígeno. De acuerdo con Richard Potkin, experto en pulmonología de la Universidad de California algunos expertos «pueden reducir su presión sanguínea y su ritmo cardíaco a niveles muy bajos, igual que los expertos en meditación. En este tipo de buceo hay mucho de negación del dolor. De hecho es una experiencia extracorpórea, ya que hay que desconectarse del propio cuerpo».

Vivir del agua

¿Podremos algún día respirar bajo el agua? Actualmente es posible respirar en líquidos con alto contenido en oxígeno, como el perfluorocarbono (aunque no es en absoluto recomendable la experiencia). Pero la ciencia está investigando en otras posibilidades inspiradas en un insecto. Se trata concretamente del escarabajo buceador (*Dytiscus marginalis*). Este tiene una serie de vellos rígidos en su abdomen que repelen el agua de modo tal que se crea una capa de aire entre el cuerpo del escarabajo y el agua que permite que el insecto «respire» bajo el agua con estas «agallas». El investigador Glen McHale, de la Universidad Trent (Inglaterra) investiga actualmente en un material sintético que sea hidrófugo. McHale ha creado una espuma que por ahora ha dado buenos resultados ya que repele el agua, pero permite la entrada de oxígeno. Por ahora, su uso más probable sea para equipos submarinos que precisan oxígeno para funcionar. Pero, en palabras del propio investigador «si el contenido de oxígeno en el agua es estable, se podría utilizar esta espuma indefinidamente».

Lo que Einstein le contó a su barbero
Robert L.Wolke

Robert L.Wolke nos sorprende con sus comprensibles, esenciales y exactas respuestas a un sinfín de cuestiones, fenómenos y sucesos que, por cotidianos, creemos ya sabidos. Sin duda, tras descubrir esas pequeñas y sencillas «verdades» de nuestro universo físico inmediato, comprenderemos mejor el íntimo funcionamiento del mundo en que vivimos.

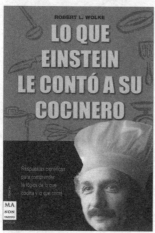

Lo que Einstein le contó a su cocinero
Robert L.Wolke

El autor nos hace comprender la ciencia desde los fogones. A través de un lenguaje libre de tecnicismos ofrece explicaciones reveladoras y sencillas, desmitifica viejas creencias, ayuda a interpretar las etiquetas confusas de los productos e invita al lector a experimentar por su cuenta, con las sencillas y originales recetas de cocina que incluye el libro.

Lo que Einstein no sabía
Robert L.Wolke

El autor, profesor emérito de química de la Universidad de Pittsburg, aporta hechos irrefutables, predicciones asombrosas y verdades impactantes. Además, rebate algunos mitos muy extendidos (como la creencia común de que la sal deshace el hielo que se acumula en la entrada de la casas o en las carreteras) y revela el porqué de hechos cotidianos (cómo se ilumina un rótulo de neón), al tiempo que incita al lector a experimentar por su cuenta (¿qué ocurre cuando se araña el interior de una jarra llena de cerveza con un cuchillo afilado?).

La física de los superhéroes
James Kakalios

En este libro, el reconocido profesor universitario James Kakalios demuestra, con tan sólo recurrir a las nociones más elementales del álgebra, que con más frecuencia de lo que creemos, los héroes y los villanos de los cómics se comportan siguiendo las leyes de la física. Acudiendo a conocidas proezas de las aventuras de los superhéroes, el autor proporciona una diáfana a la vez que entretenida introducción a todo el panorama de la física, sin desdeñar aspectos de vanguardia de la misma, como son la física cuántica y la física del estado sólido.

La guerra de dos mundos
Sergio L. Palacios

El autor recorre los intrincados recovecos de la física de una manera amena, divertida, diferente y, sobre todo, original. Sin hacer uso en absoluto de las siempre temidas ecuaciones (solamente aparece, y en una única ocasión, la célebre $E = mc2$ en todo el texto) y mediante el empleo de un lenguaje moderno, claro y sencillo en el que abundan los dobles sentidos y el humor, el autor aborda y analiza con la ayuda de películas de ciencia ficción todo tipo de temas científicos, muchos de ellos de gran actualidad, como pueden ser el teletransporte, la invisibilidad, la antimateria, los impactos de asteroides contra la Tierra, el cambio climático y muchos más.

La muerte llega desde el cielo
Philip Plait

Según el astrónomo Philip Plait, al Universo solo le aguarda el apocalipsis. ¿Pero hasta qué punto debemos realmente temer cosas como los agujeros negros, los brotes de rayos gama y las supernovas? Y aunque deban preocuparnos, ¿podemos hacer algo para salvarnos? Plait combina fascinantes, y a veces alarmantes, escenarios que parecen extraídos de relatos de ciencia ficción con investigaciones punteras y opiniones de expertos para ilustrar por qué el espacio no es algo tan remoto como muchos creen.

Curiosidades científicas modernas
Jürgen Brück

En este libro disfrutará de ágiles y divertidas historias en torno a objetos e inventos que utilizamos en nuestra vida cotidiana. Aprenderá cómo se descubrieron, quién los fabricó, cómo han evolucionado, y un sinfín de increíbles anécdotas que nunca hubiera sospechado. En sus páginas se suceden relatos, leyendas y hallazgos científicos de todo tipo.

Conozca qué hay detrás de inventos como el USB, el *snowboard*, el horno microondas, el látex, el lavaplatos o el desodorante *roll-on*.

Historias curiosas de la ciencia
Cyril Aydon

¿Qué son los relojes exactos, el Big Bang o el cinturón de Kuiper? ¿Cómo se forma el arco iris? ¿Por qué el cielo es azul? ¿Cómo se calcula el número pi? ¿Qué sabemos sobre los rayos-X? Cyril Aydon nos cuenta todo lo que deberíamos saber sobre el mundo y el universo, pasando revista a algunos de los hechos más sorprendentes que los científicos han descubierto a lo largo de 2.000 años. Una gran diversidad de temas explicados de manera persuasiva, clara y sencilla a base de pequeños artículos, como si de un diccionario enciclopédico se tratara.

El universo inteligente
James Gardner

¿Cuál es el destino final de nuestro universo? Esa es la impresionante pregunta abordada por James Gardner en este brillante libro prologado por Ray Kurzweil. Tradicionalmente los científicos han ofrecido dos respuestas poco alentadoras: fuego o hielo. Gardner concibe una tercera y dramática alternativa: un estado final del cosmos en el cual una forma o inteligencia grupal altamente evolucionada diseña una renovación cósmica, el nacimiento de un nuevo Universo.

Encuadernado en tela.